KB025766

이빨

TEETH: A Very Short Introduction, First Edition

첫 단 추 시 리 즈
026

이빨

피터 S. 엉거 지음
노승영 옮김

교유서가

차례

제 1 장

이빨은
중요하다

"와, 저 이빨 좀 봐. 근사한걸!" 나는 연구 목적으로 자연사 박물관을 방문하여 전시관을 둘러보는 것을 좋아한다. 이번에는 스미스소니언 박물관에 갔다. 예닐곱 살쯤 되어 보이는 여자아이가 동생의 팔을 끌고 붐비는 전시실을 가로질러 디메트로돈 두개골 앞에 섰다. 디메트로돈은 포유류를 닮은 파충류로, 거의 3억 년 전에 지구상에 나타났다. 녀석의 이빨은 정말이지 근사하다. 하지만 여러분의 이빨도 마찬가지다. 한번 생각해보라. 여러분의 이빨은 5억 년에 걸친 진화의 산물이다. 이빨은 다른 생물을 분쇄하여 몸에 연료를 공급한다. 평생 같은 일을 하면서도 결코 부서지지 않는다. 입안에서는 끝없이 데스매치가 벌어지는 셈이다. 동물과 식물이 자신을 보호하려고 질기거나 딱딱한 조직을 발달시키면 이빨은 스스로를 버리거나 굳혀 이를 무력화한다.

자연사박물관 전시실과 화석 그림책에서 우리가 이빨에 끌리는 이유는 무엇일까? 이빨에는 뭔가 본능을 자극하는 게 있다. 우리 옛 조상들이 이빨로부터 달아나려고 기를 썼기 때문인지도 모르겠다. 어쩌면 이빨이 우리를 규정하기 때문일 수도 있고. 19세기의 위대한 박물학자 조르주 퀴비에(Georges Cuvier)는 "당신의 이빨을 보여주면 당신이 누구인지 말해주리다"라고 곧잘 말했다고 한다. 우리는 동물의 입을 보면 그 동물의 특징을 직관적으로 알 수 있다. 먹잇감을 죽이고 살을 찢기 위한 티라노사우루스 렉스의 길고 날카로운 이빨을 생각해보라. 온라인 소개팅 서비스 매치닷컴(Match.com)에서 최근 미국의 미혼 남녀 5500명을 대상으로 실시한 설문 조사에 따르면 치아는 남녀를 막론하고 잠재적 파트너를 판단하는 첫번째 기준이었다. 이빨은 정말이지 중요하다.

나는 평생 이빨을 연구했지만, **진짜** 관심사는 자연이 어떻게 일하는가, 생명이 어떻게 오늘날의 모습이 되었는가, 인류가 어떻게 적응했는가다. 내게 이빨이 중요한 이유는 이런 궁금증을 해결하는 데 안성맞춤의 도구이기 때문이다.

생태학적 관점

이빨은 생태학 연구에 도움이 된다. 생태학은 생물이 서로 또는 물리적 환경과 어떻게 상호작용하는지 연구하는 학문이다. 이 상호작용에서 가장 기본이 되는 것은 먹는 것과 먹히는 것이다. 생물이 성장하고 생존하고 번식하려면 주위 생물을 잡아먹어 연료와 원료로 삼아야 한다. 이빨이 중요한 이유는 먹는 자와 먹히는 자 사이에서 둘을 중개하기 때문이다. 이빨은 다윈이 말한 자연의 '생존 경쟁'에서 최전선에 서 있다.

초기 척추동물이 포식자와 피식자의 '군비 경쟁'에서 우위를 차지한 것은 이빨 덕분이라는 것이 통념이다. 여과섭식을 하는 무악어류(턱이 없는 어류—옮긴이)는 수억 년 동안 바다를 지배했으나, 턱과 이빨이 진화한 뒤로는 맥을 못 췄다. 20세기의 이름난 고생물학자 에드윈 콜버트(Edwin Colbert)는 이렇게 썼다. "무악 척추동물은 어느 정도 효율적이었으나, 매우 특수한 서식처에 적응한 경우가 아니라면 한 쌍의 위턱과 아래턱이 먹이 획득 메커니즘으로 진화한 세상에서 생존하기에 미흡했다." 물론 무악어류는 턱이 있는 어류 그리고 (나중에는) 이빨 있는 어류와 공존하면서도 1억 년 가까이 순조롭게 살아남았다.

하지만 이빨이 있으면 먹잇감을 잡아 꼼짝 못하게 하는 데 유리했다. 이빨은 온갖 생물을 긁고 들어올리고 붙잡고 무는

데 이용할 수 있었다. 또한 영양을 더 많이 섭취할 수 있기에 새끼를 더 많이 낳고 진화적 성공을 거둘 수 있었다. 유악어류가 무악어류를 몰아냈든 아니든 이빨은 고생대 초 지구의 바다에 빠르게 퍼졌다. 20세기 고생물학자 제임스 마빈 웰러(James Marvin Weller)는 이렇게 썼다. "이빨이 중요성에 걸맞은 주목을 받는 경우는 드물지만, 초기 척추동물이 환경에 성공적으로 적응하고 유기물 세계를 빠르고도 효과적으로 정복하는 데 독보적인 역할을 했음은 의심할 여지가 없다."

이빨의 두번째 이정표는 교합 능력이었다. 마주보는 두 표면이 정확하게 맞물림으로써 씹기가 가능해진 것이다. 이 능력이 진화한 것은 일부 양서류와 파충류에서이지만, 맞물림(교합)과 씹기(저작)의 능력을 갖춘 것은 오늘날의 포유류다. 포유류는 이 메커니즘을 이용하여 식물의 세포벽과 곤충의 외골격을 찢음으로써 (이빨이 없었다면) 소화되지 않은 채 장을 통과했을 영양소를 흡수할 수 있었다. 또한 먹이를 씹으면 삼키는 덩어리의 크기가 작아져 소화효소가 작용할 표면적이 커진다. 말하자면 같은 양의 먹이를 먹어도 더 많은 연료와 원료를 끄집어낼 수 있는 것이다.

포유류는 항온동물이어서 체내에서 열을 발생시켜 체온을 유지해야 하기 때문에 연료 효율이 특히 중요하다. 집안의 난로를 계속 때려면 연료가 아주 많이 필요하다. 씹기를 통해 충분한 에너지를 얻는 덕에 포유류는 낮뿐 아니라 추운 밤에도 활동할 수 있으며 한랭 기후나 기온이 오르락내리락하는 지역에서도 살 수 있다. 또한 이를 통해 높은 수준의 활동량과 이동 속도를 유지할 수 있기에 먼 거리를 주파하고 포식자를 피하고 먹잇감을 잡고 새끼를 낳아 기를 수 있다. 포유류는 북극 툰드라에서 남극 총빙(叢氷, 바다 위에 떠다니는 얼음이 모여서 언덕처럼 얼어붙은 것—옮긴이)까지, 심해에서 고산 지대까지, 우림에서 사막까지 엄청나게 다양한 서식처에서 살 수 있는데, 여기에는 이빨이 큰 몫을 했다.

고생물학적 관점

이빨은 고생물학자에게도 무척 중요하다. 첫째, 이빨은 척추동물 화석 중에서 가장 흔하며, 멸종 동물 중에는 이빨로만 알려진 종도 많다. 둘째, 이빨의 크기, 모양, 구조, 마모, 화학 조성이 모두 동물이 무엇을 먹느냐와 연관되기 때문에 이빨로 과거 동물의 식이를 유추할 수 있다. 식이는 생태학의 매우 중요한 열쇠이므로 이빨과 먹이를 연관 짓는 것은 (과거의 생물과 그 환경의 관계를 연구하는 학문인) 고생태학을 재구성하는 데 도움이 된다. 적당한 화석 기록이 있다면 이런 관계의 시간적 변화를 추적할 수도 있다. 여기에 과거 기후의 모형을 접목하면, 심지어 환경 변화가 어떻게 진화를 촉발했는지 알아낼 수 있을지도 모른다. 과거의 동물이 현생 동물과 어떻게 다르고 어떻게 비슷했는지, 우리를 비롯한 현생 동물이 어떻게 해서 지금의 모습이 되었는지 이해하는 첫발을 뗄 수 있는 것이다.

간략하게 살펴보는 이빨 연구의 역사

사람들은 아주 오랫동안 이빨에 대해 생각했다. 아리스토텔레스는 기원전 350년경 『동물 부분론De partibus animalium』에서 이빨을 논했다. 그는 동물 이빨의 개수, 크기, 모양을 식이에 따라 비교했는데, 이는 2000년 가까이 이빨에 대한 지식의 최고봉으로 군림했다. 그의 연구 중 상당수는 시간의 검증을 겪고도 여전히 살아남았다. 이 외에도 히포크라테스와 갈레노스의 해부 및 의학에 대한 전반적 연구, 그리고 이들의 글을 엮은 이븐시나의 『의학 정전』 등 이빨에 대한 고대의 단편적 지식들이 남아 있다. 하지만 다른 연구 결과가 등장하기 시작한 것은 15세기 말과 16세기 초에 활판 인쇄술이 도입되어 아리스토텔레스의 저작집과 그 밖의 고전 문헌들이 유럽 전역에 전파되면서부터였다. 이로 인해 해부학과 동물학 분야에서 많은 연구가 시작되었는데, 그중 몇몇은 이빨을 다뤘다.

알려진바 이빨에 대한 최초의 책은 『아르츠나이뷔힐라인

Arzneibüchlein』(1530)으로, 치과 질환과 치료법을 기술한 익명의 소책자다. 얼마 안 가서 플랑드르의 위대한 해부학자 안드레아스 베살리우스(Andreas Vesalius)가 『사람 몸의 구조De humani corporis fabrica』(1543, 한국어판: 그림씨, 2018)에서 이빨에 한 장을 할애했다. 뒤이어 당대의 또다른 저명 해부학자 바르톨롬메오 유스타키오(Bartolommeo Eustachio)가 쓴 『리벨루스 데 덴티부스Libellus de dentibus』(1563)는 이빨의 구조와 기능만을 다룬 (알려진) 최초의 책이다. 유스타키오는 사람의 이빨을 동물의 이빨과 비교했다.

17세기에 현미경이 발명되자 이빨의 구조에 대한 이해가 부쩍 발전했다. 안톤 판 레이우엔훅(Anton van Leeuwenhoek)과 마르첼로 말피기(Marcello Malpighi)는 이빨 조직의 현미경적 구조(조직학histology)를 상세한 기록으로 남겼다. 18세기에는 피에르 포샤르(Pierre Fauchard)의 『치과 외과의Le chirugien dentiste』(1728)와 존 헌터(John Hunter)의 『인간 치아의 자연사 The Natural History of the Human Teeth』(1771)를 비롯하여 영향력 있는 저서가 많이 출간되었다.

하지만 치면묘화법(odontography. 치아의 기술記述적 연구)의 황금시대는 19세기 초에 찾아왔다. 오늘날 우리가 아는 지식은 조르주 퀴비에, 리처드 오언(Richard Owen), 크리스토프 기블(Christoph Giebel)을 비롯한 당대 박물학자들에게 빚진 바

크다. 19세기에 자연선택 이론이 자리잡기 시작하면서 토머스 헨리 헉슬리(Thomas Henry Huxley), 윌리엄 플라워(William Flower), 리처드 리데커(Richard Lydekker) 같은 비교해부학자가 등장했다. 치아조직학(dental histology) 연구도 활발했다. 안드레스 렛시우스(Andres Retzius), 빅토르 폰 에브너(Victor von Ebner), 새뮤얼 솔터(Samuel Salter), 존 톰스(John Tomes)와 찰스 톰스(Charles Tomes) 등은 이빨 미세구조의 명칭에 자신의 이름을 남겼다. 19세기 후반에는 기술에서 설명으로의 변화, 즉 치면묘화법에서 치과학(odontology)으로의 변화가 시작되었으며 에드워드 드링커 코프(Edward Drinker Cope), 헨리 페어필드 오스본(Henry Fairfield Osborn) 등이 이빨의 기원과 진화를 설명하는 모형을 발전시켰다. 이 모형들은 대부분 오늘날까지도 남아 있다.

이빨 연구는 20세기와 21세기에도 여전히 발전하고 있다. 이들의 연구 성과가 이 책의 주제다. 성장과 발달에 대한 연구는 새로운 통찰을 가져다주었으며 우리는 이빨의 크기와 모양에 미치는 유전적 영향을 발견하기 시작했다. 최근 들어 종의 상호 관계에 대한 이해가 향상되면서 이빨의 진화를 이해하는 틀이 마련되었다. 이빨의 크기, 모양, 구조, 마모, 화학 조성에 대한 연구는 이빨이 어떻게 작용하고 오늘날 동물이 어떻게 이빨을 이용하며 과거에 어떻게 이용했는지에 대해 새

로운 통찰을 선사한다. 또한 새로 발견되는 화석은 고생물학
기록의 중요한 빈틈을 메움으로써 이빨과 씹기의 진화에서
주요한 이정표가 되고 있다.

제 2 장

이빨의 유형과
부위

동물계에서는 여러 다른 종류의 이빨을 찾아볼 수 있다. 이빨은 종마다 다를 뿐 아니라 입안에서도 세대(새끼의 이빨과 성체의 이빨)와 유형(전치와 후치)에 따라 다르다(이 책에서 '전치前齒'는 앞쪽에 있는 앞니와 송곳니, '후치後齒'는 뒤쪽에 있는 작은어금니와 큰어금니를 일컫는다―옮긴이).

입안에서의 차이

이빨 세대. 척추동물은 대부분 이빨이 빠지고 새로 난다. 이를테면 상어는 이갈이를 수백 번 할 수 있는데, 평생 수만 개의 이빨이 입을 거쳐 간다. 새로 난 이는 크기, 모양, 구조가 전과 달라질 수 있다. 포유류 아닌 척추동물은 평생 턱이 자라기에, 작은 이빨이 빠지고 큰 이빨이 난다. 치열에 커다란 틈이 생기지 않도록 이갈이는 한 개 걸러, 또는 두 개 걸러 진행되는 경향이 있다.

포유류의 이갈이에서 특이한 점은 성체가 되었을 때 턱의 성장이 멈춘다는 것이다. 우리는 이빨이 여러 세대에 걸쳐 점차 커질 필요가 없다. 두 세대면 충분하다. 젖니는 대체로 작으며 법랑질이 얇고 희다. 젖니의 치관(齒冠)과 치근(齒根)은 성치(영구치, 간니)와 모양이 다르다. 우리는 큰어금니를 제외한 젖니 스무 개를 전부 갈며 턱에 여유 공간이 생김에 따라 여남은 개가 더 난다. 마지막 큰어금니는 턱 성장이 끝나는 시기에 난다. 하지만 대다수 포유류는 이갈이 패턴이 우리와 다르다. 상당수는 영구치를 가지고 태어나는데, 젖니는 온전히 형성되지 않거나 자궁 속에 있을 때 나서 빠진다. 몇몇 종은 젖니를 평생 갈지 않는 듯하다. 이를테면 생쥐는 태어날 때부터 성치이며 이빨고래는 성치가 나지 않는 것이 분명하다.

치형. 많은 척추동물은 동형치아(homodont)로, 이빨의 모양이 전부 비슷하다. 주로 원뿔이나 바늘 모양이며 먹잇감을 획득하거나 잡거나 가두거나 죽이는 기능을 한다. 포유류를 비롯하여 먹이를 씹어 쪼개야 하는 동물은 이형치아(heterodont)로, 전치와 후치가 다르게 생겼으며 먹이 획득과 처리를 나누어 맡는다. 이를테면 양머리돔(sheepshead fish)의 전치는 사람의 앞니처럼 생겼는데, 먹잇감을 긁고 움켜쥐는 데 쓴다. 후치는 자갈처럼 납작한 구조로, 성게를 비롯한 딱딱한 먹잇감을 부수는 데 쓴다. 이구아나 같은 초식 도마뱀도 이빨 모양이 다른데, 원뿔형 전치로 식물을 뜯어내어 복잡하게 생긴 후치로 자른다. 포유류의 이빨은 이런 차이가 극대화되어 앞니, 송곳니, 작은어금니, 큰어금니의 네 유형으로 나뉜다(그림 1 참조).

앞니는 전치다. 대체로 삽 모양에 납작하며 교두(咬頭, cusp, 치아의 씹는 면에 솟아오른 부분—옮긴이)와 치근(齒根, root)이 하나씩 있는데, 더 있는 경우도 있다. 앞니는 잡기, 쏠기, 벗기기, 긁기를 비롯하여 먹이를 씹거나 삼킬 수 있을 만큼 작은 조각으로 만들어 입안에 넣는 동작을 한다. 앞니는 매우 전문화될 수 있는데, 설치류와 토끼의 끌처럼 생긴 이빨은 늘 자라며 물어뜯기에 쓰이고, 날원숭이(colugo)와 영양붙이(prong)의 빗처럼 생긴 이빨은 털 고르기에 쓰이며, 코끼리와 일각돌고래(narwhal)의 엄니는 무기나 특수 감각기관으로서 찌르기와 파기에 쓰인다.

다음은 송곳니다. 송곳니도 대체로 교두와 치근이 하나씩이다. 고양이와 여러 원숭이 같은 일부 종은 송곳니가 단검 모양에 길며, 날카롭고 뾰족한 끝은 싸울 때나 먹잇감을 찌르고 물고 붙잡을 때 쓴다. 두더지와 여러 초식동물은 송곳니가 작고

(a)

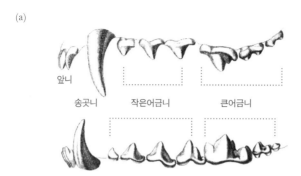

앞니

송곳니　　　작은어금니　　　큰어금니

(b)

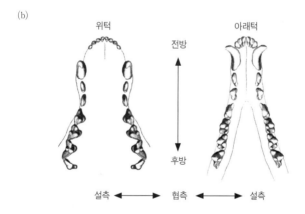

위턱　　　　　　　　　　　　아래턱

전방

후방

설측 ◄──► 협측 ◄──► 설측

1. 이빨의 유형과 위치. (a) 여우의 이빨을 옆에서 본 것, (b) 주머니고양이(quoll, 호주
　의 유대류)의 윗니(왼쪽)와 아랫니(오른쪽)

앞니처럼 생겼으며 먹이를 먹을 때 앞니와 같은 기능을 한다. 바다코끼리, 하마, 멧돼지 등은 송곳니가 엄니로 변형된다. 송곳니와 앞니를 뒤쪽의 어금니와 구별하여 전치(前齒)라 한다.

작은어금니는 송곳니 바로 뒤에 있다. 모양은 다양하다. 작고 교두가 하나인 땃쥐의 작은어금니가 있는가 하면 더 복잡한 것도 있는데, 하이에나의 작은어금니는 부수기에, 고양이의 작은어금니는 자르기에, 영양의 작은어금니는 갈기에 쓰인다. 치열을 따라 송곳니처럼 생긴 것에서 큰어금니처럼 생긴 것으로 조금씩 달라지기도 한다. 사람의 작은어금니는 대체로 교두가 두 개여서 쌍두치(雙頭齒, bicuspid)라고 부른다. 몇몇 포섬류(possum)와 쥐캥거루류(rat kangaroo)는 작은어금니가 스테이크용 나이프를 약간 닮았는데, 이빨마다 길고 가는 톱날이 있다.

큰어금니는 후치다. 역시 모양이 다양한데, 돌고래, 땅돼지(aardvark), 나무늘보는 말뚝 모양이며 캐피바라(capybara), 말, 코끼리는 돌출부, 능선, 골이 여러 개인 복잡하고 정교한 구조다. 작은어금니와 더불어 먹이를 깎고 부수고 갈아 작은 덩어리로 만드는 데 쓰인다.

연구자들은 각 치형의 개수로 포유류를 구분하기도 하는데, 이를 치식(齒式, dental formula)이라 한다. 우리 영구치의 치식은 'I2/2, C1/1, P2/2, M3/3'으로, 입의 왼쪽과 오른쪽에 앞니가 위아래 두 개씩, 송곳니가 위아래 한 개씩, 작은어금니가 위아래 두 개씩, 큰어금니가 위아래 세 개씩 있다는 뜻이다. 위아래 개수를 구분하는 것은 많은 포유류의 위아래 이빨 개수가 다르기 때문이다. 상투메목도리과일박쥐(São Tomé collared fruit bat)와 일각돌고래를 제외하면 왼쪽과 오른쪽은 거울상이어서 구분할 필요가 없다.

유대류와 태반류 조상의 치식은 각각 'I5/4, C1/1, P3/3, M4/4'와 'I3/3, C1/1, P4/4, M3/3'이다. 현생 포유류는 대부분 이빨 개수가 적지만, 일부는 더 많으며 긴부리돌고래는 입 안에 최대 260개가 들어 있다.

입안에서의 차이

종 간의 이빨을 비교하려면 각 부위를 일컫는 용어가 필요하다. 전치에서 앞쪽은 **순측**(labial), 뒤쪽은 **설측**(舌側, lingual), 가운데 쪽은 **근심**(mesial), 먼 쪽은 **원심**(distal)이다. 후치에서 앞쪽은 **전방**(anterior), 뒤쪽은 **후방**(posterior), 혀 쪽은 **설측**(lingual), 볼 쪽은 **협측**(頰側, buccal. '부카bucca'는 라틴어로 '볼'을 뜻한다)이다. 이를테면 앞뒤로 길고 좌우로 좁은 어금니는 협설단(頰舌短, buccolingually compressed) 전후장(前後長, anteroposteriorly elongate)이라고 말한다. 단, 이빨이 있다고 해서 전부 볼이 있는 것은 아니므로 포유류 아닌 동물을 연구하는 사람들은 (어금니에 해당하는) 연치(緣齒, marginal teeth)의 좌우를 외방(external)과 내방(internal)이라고 한다. 이 경우에는 좌우로 좁은 이빨을 내외단(內外短, mediolaterally compressed)이라고 묘사할 수 있다(내측medial은 몸의 중심선 쪽, 외측lateral은 몸의 중심선 반대쪽을 일컫는다).

이빨의 씹는 부위는 **교합면**(咬合面, occlusal surface)이라고 한다. 여기서부터 복잡해지기 시작한다. 교합면에는 교두와 능선이 수십 개 있을 수도 있으며 **하악저부교두**(hypoconulid)와 **후방후능선**(postmetacrista) 같은 길고 어려운 이름이 붙은 부위도 있다. 이빨 연구의 대가 퍼시 버틀러(Percy Butler)는 이렇게 개탄했다. "비교치형태학(comparative tooth morphology)을 공부하려면 우선 복잡한 명칭의 난관을 이겨내야 한다. 이 때문에 이 학문이 실제보다 훨씬 난해하다는 인상을 받는다." 하지만 용어에 담긴 논리를 이해하면 생각만큼 어렵지는 않다. 그러려면 19세기로 돌아가 에드워드 드링커 코프와 그의 젊은 동료 헨리 페어필드 오스본을 만나야 한다.

코프-오스본 모형. 코프는 1870년대와 1880년대에 단순하고 원시적인 이빨이 고양이와 말 같은 현생 포유류의 복잡하고 전문화된 이빨로 발달한 과정을 설명하는 모형을 만들었다. 그후에 오스본은 여러 세부 사항을 채워넣고 오늘날 우리가 쓰는 치관 부위의 명칭을 만들어냈다. 두 사람은 포유류의 윗니가 원뿔형의 단순한 구조에서 출발했다고 믿었는데, 오스본은 이를 **원교두**(原咬頭, protocone)라고 불렀다. 둘은 **방교두**(傍咬頭, paracone)와 **후교두**(後咬頭, metacone)가 각각 원교두의 앞쪽과 뒤쪽에 형성되었다고 주장했다. 코프-오스본 모형에 따르면 진화 과정에서 방교두와 후교두가 협측으로 이동하고 원교두가 설측으로 이동하면서 **삼각**(trigon)이라는 세모꼴 구조가 되었다. 그후에 네번째 교두인 **저교두**(低咬頭, hypocone)가 원교두 뒤로 **칼날발톱**(talon)이라는 낮은 선반(또는 뒤꿈치) 위에 생겼다(그림 2 참조).

코프와 오스본은 아래큰어금니도 같은 식으로 진화했다고 생각했으며 오스본은 하악교두를 상악교두와 구분하기 위해 접미사 '-id'를 붙였다. 그래서 **하악원교두**(protoconid)는 아래큰어금니에 맨 처음 생긴 교두였으며 **하악방교두**(paraconid)가 앞쪽에, **하악후교두**(metaconid)가 뒤쪽에 추가되었다. 하지만 이 경우에는 하악방교두와 하악후교두가 설측으로 이동하고 하악원교두가 치관의 협측으로 밀려났다. 이로써 삼각과 마주 보는 **하악삼각**(trigonid)이 '맞물린 삼각형(reversed triangles)'을 이뤘다. 윗니와 마찬가지로 (**하악칼날발톱**talonid으로 불리는) 아랫니 선반이 하악삼각 뒤에서 진화했는데, 이번에는 설측에 **하악내교두**(entoconid), 협측에 **하악저교두**(hypoconid), 뒤쪽 끝

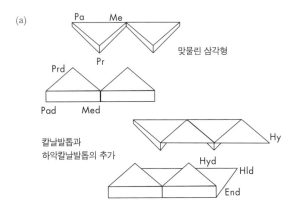

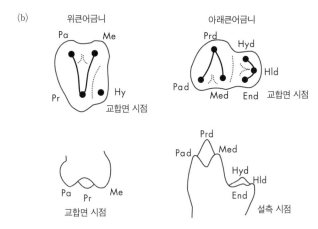

2. 코프-오스본 모형과 교두의 명칭. (a) 위큰어금니와 아래큰어금니의 맞물린 삼각형 구성(위)과 칼날발톱 및 하악칼날발톱의 추가(아래), (b) 위큰어금니와 아래큰어금니를 교합면 시점과 측면 시점에서 본 모습. 위큰어금니의 교두 명칭: Pa=방교두, Me=후교두, Pr=원교두, Hy=저교두. 아래큰어금니의 교두 명칭: Pad=하악방교두, Med=하악후교두, Prd=하악원교두, End=하악내교두, Hyd=하악저교두, Hld=하악저부교두

에 하악저부교두(hypoconulid)가 형성되었다.

오스본은 치관의 다른 부위를 명명할 때 근처 교두의 접두사와 특징을 나타내는 접미사를 결합했다. 능선을 일컫는 접미사는 'crista'나 'cristid'이므로 전원능선(preprotocrista)은 방교두와 원교두를 연결한다. 부교두(副咬頭, secondary cusp)는 주로 'conule'과 'conulid'로 끝난다. 방부교두(paraconule)는 방교두 옆의 부교두다. 부교두가 (치관 양옆을 덮은 법랑질 깃을 일컫는) **설면결절**(舌面結節, cingulum)이나 **하악설면결절**(cingulid) 뒤에 있으면 'style'이나 'stylid'라는 접미사가 붙는다. 설면결절이 협측으로 확장되어 판을 이룬 것을 **기둥선반**(stylar shelf)이라 한다.

이렇듯 명칭 체계가 엉망은 아니다. 하지만 문제가 하나 있다. 20세기에 포유류 화석 이빨이 더 많이 발견되면서 코프-오스본 모형이 틀렸음이 분명해졌다. 이를테면 오스본이 원교두라고 부른 원래 교두는 실은 후대 포유류 이빨의 삼각에서 방교두다. 원래의 방교두는 기둥교두 중 하나가 되었다(**B기둥교두**stylar cusp B라고 부른다). 설상가상으로 오늘날에는 같은 접두사가 붙은 상악교두와 하악교두가 일치하지 않는 경우도 있다. B기둥교두가 하악방교두에, 방교두가 하악원교두에 대응하는 것이다.

포유류 이빨의 진화에 대한 이해가 증진됨에 따라 연구자들이 명칭을 개정하려 골머리를 썩이면서 코프와 오스본의 오류가 대혼란으로 이어졌음은 말할 필요도 없다. 하지만 퍼시 버틀러가 간단명료하게 지적했듯, "언어는 소통을 위한 것"이다. 옛 명칭이 문헌에 단단히 뿌리박혀 도저히 폐기할 수 없었기에 그나마 혼란을 줄이는 해결책은 옛 명칭을 그대로 쓰면서 오스본이 생각한 것과 다른 의미임을 감안하는 것뿐이다. 나는 일관된 위치에 따라 명명하는 쪽을 선호한다. 따라서 캥거루와 원숭이의 위큰어금니 안쪽 뒤에 있는 교두는 공통 조상의 같은 구조에서 왔든 아니든 둘 다 저교두다.

삼두대구치. 표유류 조상이 어떻게 맞물린 삼각형을 이루게 되는었는가에 대한 코프와 오스본의 설명도 틀렸을지 모르지만, 그 형태 자체와 (그로부터 오늘날의 큰어금니가 어떻게 진화했는가에 대한) 모형은 그보다는 양호했다. 똑같은 삼각형이 서로 마주보며 나란히 배열되었는데 윗니의 끝은 설측을 향하고 아랫니의 끝은 협측을 향한다고 생각해보라. 두 열의 마주보는 이빨이 맞물리면서 서로 들어맞도록 자리잡았다고 상상해보라. 그러면 아래턱을 들어 이빨을 맞닿게 했을 때 아랫니의 옆면이 가윗날처럼 윗니의 옆면을 스쳐 지나간다. 위 삼각형과 아래 삼각형 뒤쪽에 맞은편 삼각형을 마주보도록 낮은 선반(또는 뒤꿈치)을 달면 음식을 부수는 기능을 추가할 수 있다. 삼각형은 삼각과 하악삼각을 나타내며 선반은 칼날발톱과

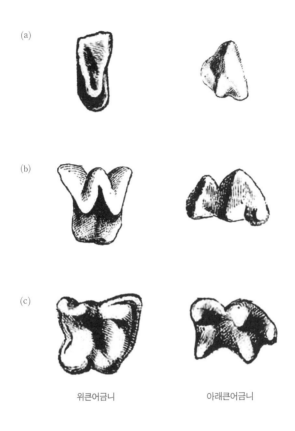

(a)

(b)

(c)

위큰어금니   아래큰어금니

3. 삼두대구치의 변이형. 윗니와 아랫니.
   (a) 시옷형, (b) 쌍시옷형, (c) 방형

하악칼날발톱을 나타낸다. 저명한 고생물학자 조지 게일로드 심프슨(George Gaylord Simpson)은 1930년대에 큰어금니가 깎는 기능과 부수는 기능을 둘 다 가지고 있음을 알아내고서 **삼두**(三頭, tribosphenic)라는 용어를 만들었다(그리스어에서 '문지르다'를 뜻하는 '트리벤triben'과 '쐐기'를 뜻하는 '스펜sphen'을 합쳤다).

이 삼두 형태는 현실에서 여러 가지로 변형되는데, 가장 흔한 것으로 **방형**(euthemorphic), **시옷형**(zalambdodont), **쌍시옷형**(dilambdodont)이 있다(그림 3 참조). 방형 큰어금니는 매우 납작하고(둔두치형bunodont) 네모지며 앞쪽에 잘 발달한 방교두와 원교두가 있고 뒤쪽에 후교두와 저교두가 있다. 시옷형은 삼각이 이빨의 설측 가장자리로 밀려났으며 방교두는 잘 발달했으나 원교두와 후교두는 작거나 없다. 협측으로 넓은 기둥선반이 두드러지는데, 능선이 방교두를 방주(傍柱, parastyle)와 후주(後柱, metastyle)에 연결한다. 이 능선들을 합쳐 **외융기**(ectoloph)라 부르는데 그리스어 문자 람다(Λ)를 닮았다. 쌍시옷형은 시옷형과 비슷하다. 첫번째 융선(隆線) 뒤에 두번째 융선이 있으며(더블람다 또는 더블유를 이룬다) 융선이 후주를 후교두, 중주(中柱, mesostyle), 방교두, 방주에 차례로 연결한다.

표면 아래

이빨 표면이 복잡하긴 하지만, 그 밑에서는 훨씬 많은 일이 벌어지고 있다. 이것이 얼마나 비범한 공학적 위업인지 생각해보라. 여러분의 이빨은 음식을 부수고 또 부수는 데 필요한 힘을 집중하고 전달해야 한다. 평생에 걸쳐 수백만 번을 일하면서도 자신이 부서지면 안 된다. 거기다 자연이 주는 원재료, 즉 먹을거리인 동식물과 똑같은 재료를 가지고 이렇게 단단한 구조물을 만들어야 한다. 이빨이 이토록 튼튼한 비결은 무엇일까? 답은 5억 년 넘도록 진화한 복잡한 합성 구조다.

이빨을 구성하는 조직의 기본적 유형은 척추동물마다 다르지만, 대부분의 포유류는 법랑질, 상아질, 백악질, 치수(齒髓)를 가지고 있다. 이빨의 주된 조직과 기본 골격은 상아질이고 치관은 법랑질 모자를 썼으며 치근은 얇은 백악질 층으로 덮여 있다. 상아질 안쪽은 비어 있어서 치관 내강(內腔)과 치근관(齒根管)을 연결하며 그 안에 치수, 신경, 혈관이 들어 있다. 치수는 대체로 연한 결합조직인 데 반해 법랑질, 상아질, 백악질은 더 딱딱하며 다양한 비율의 무기질(인산칼슘calcium phosphate의 일종인 수산화인회석hydroxyapatite이 대부분이다)과 유기물, 물로 이루어졌다. 성분의 상대적 비율, 구조, 분포가 이빨의 굳기를 결정한다(그림 4 참조).

광물학자들은 힘 같은 성질을 기술할 때 매우 적확한 용어를 사용하는데, 그런 어휘 중 일부는 이빨과 먹이의 상호작용을 다루는 데 요긴하다. 단위면적당 힘을 나타내는 **응력**(stress)부터 살펴보자. 힘을 증가시키거나 힘을 받는 면적을 감소시키면 응력이 증가한다. 뾰족한 못이 뭉툭한 못보다 잘 박히는 것은 이 때문이다. 이와 관련된 용어로 **변형력**(strain)이 있는데, 응력을 가했을 때 물체의 모양이나 크기가 얼마나 변하는가를 일컬으며 가장 간단하게는 물체의 원래 길이에 대한 길이 변화로 나타낸다. **강성**(stiffness)이 큰 재료는 **파손**(failure)을 일으키는 데 필요한 변형을 발생시키려 할 때 더 큰 응력을 가해야 한다. 파손은 영구적인 변형이나 균열, 또는 둘 다일 수 있다. 물체가 영구적으로 변형되거나 갈라지기 시작할 때의 응력을 각각 **항복 강도**(yield strength)와 **파괴 강도**(fracture strength)라 한다. 파손에 저항하는 것을 종종 **경도**(hardness)라 한다. 일단 균열이 시작되었을 때 균열의 확산에 저항하는 것을 **파괴 인성**(fracture toughness)이라 한다. 인성이 큰 조직에서 균열을 확산시키려면 인성이 작은 조직에 비해 많은 에너지가 필요하다. 이빨과 먹이의 경도와 인성은 균열 형성과 균열 확산에 저항하는 정도로 나타낼 수 있다.

　법랑질(琺瑯質, enamel)은 우리 몸에서 가장 단단한 조직이다. 무게의 약 97퍼센트가 무기질이며 우아하고도 절묘한 미세구조로 이루어졌다. 이 구조는 자연이 굳기를 위해 설계한

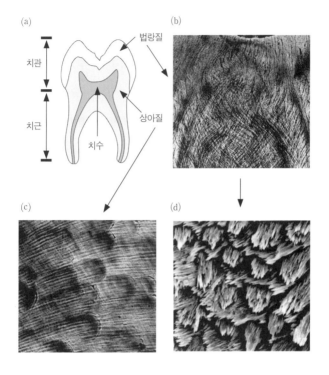

4. 이빨의 구조. (a) 이빨의 단면 모식도, (b) 법랑질 단면에서 막대가 구부러진 모습,
   (c) 상아질 단면의 세관, (d) 법랑질막대를 확대한 모습

것이다. 나무 연필을 생각해보라. 가운데를 구부리면 쉽게 부러지지만, 연필심에서 지우개 쪽으로 누르면 좀처럼 짜부라지지 않는다. 이제 연필 수천 자루를 국숫발 다발처럼 묶어 커다란 원통형 막대를 만들고 이런 막대 수천 개를 한데 묶었다고 생각해보라. 법랑질 미세결정(crystallite)은 두께가 0.04마이크로미터(0.000004센티미터)인 연필과 같다. 이걸 묶어서 두께가 약 5마이크로미터인 막대를 만든다. 이제 이 막대를 묶어서 층을 만든다. 이 막대와 그 속의 미세결정이 법랑질 모자의 두께—상아질과 만나는 법랑질·상아질 경계(enamel-dentine junction, EDJ)에서 표면까지—를 이룬다.

하지만 막대가 EDJ에서 표면까지 곧고 평행하게 배열되면(방사상radial 법랑질) 균열이 경계를 따라 퍼질 수 있다. 이를 방지하기 위해 막대를 서로 구부리고 엮고 비튼다(교차decussation). 이렇듯 방향을 바꾸면 에너지가 소모되어 균열이 전파되지 않는다. 막대를 묶은 층이 방향을 바꾸고 서로 엮임으로써 법랑질의 인성을 더 키울 수 있으며, 이빨 중에는 심지어 층의 층으로 이루어진 것도 있다.

법랑질은 어떻게 해서 이 복잡한 미세구조를 이룰까? 발달 중인 치배(齒胚, tooth bud)에서는 법랑질모세포(ameloblasts)가 뭉쳐 판을 이룬다. 이 판은 EDJ 자리에서 바깥으로 이동하면서 단백질, 무기질, 물의 기질(基質)을 남긴다. 뚜껑이 열린 치약 튜브 다발을 한꺼번에 짠다고 상상해보라. 치약이 빠져나가는 방향과 반대로 튜브를 이동시키면 평행한 치약 자국이 남는데, 법랑질막대 다발이 이렇게 생겼다.

튜브를 흔들면서 이동시키면 교차가 일어난다. 치약 튜브와 마찬가지로 법랑질모세포도 EDJ에서 출발하여 이빨 표면을 향해 바깥으로 이동하면서 법랑질 기질을 뒤에 남긴다. 그런 뒤에는 물과 유기물 조각을 흡수하고 무기질을 더 빨아들인다. 완성된 이빨이 돋으면 법랑질모세포는 표면에서 떨어져 나간다. 이빨의 법랑질을 복구하거나 교체할 수 없는 것은 법랑질을 분비하는 세포가 사라졌기 때문이다.

법랑질 기질이 분비되고 무기질화되는 속도는 하루 종일 일정하지 않다. 이 때문에 팽창과 수축이 번갈아 일어나—치약 튜브 다발을 세게 짰다 약하게 짰다 한다고 상상해보라—발달중인 막대 판 단면에 하루하루의 증식선(incremental line)이 생긴다. 이것을 화석 연구에 이용할 수 있는데, **횡문**(橫紋, cross striation)이라 불리는 이 증식선은 어떤 면에서 나이테를 닮았다. 횡문을 세면 이빨에서 모자가 발달하는 데 시간이 얼마나 걸리는지 알 수 있다. 또한 횡문은 나이테와 마찬가지로 스트레스에 따라 달라진다. 심지어 치과학 연구자들은 잘 정의된 **신생아선**(neonatal line)으로 출생일을 맞힐 수도 있다(출생시에 산모와 아기 둘 다 스트레스를 겪기 때문). 법랑질 형성 속도는 대략 1주일을 주기로도 달라지는데, 이 때문에 **레치우스 선**(striae of Retzius)이라는 뚜렷한 증식선이 생긴다. 이 선이 표면과 교차하는 곳에서는 **주파선조**(周波線條, perikymata)라는 융선이 형성된다.

법랑질막대의 형성, 배치, 다발 패턴은 종마다 천차만별이다. 아가마도마뱀(agamid lizard)을 제외하면 포유류만이 막대로 이뤄진 법랑질을 만든다. 게다가 대부분의 원시 어류는 법랑질이 아예 없다. 그 대신 법랑질모세포와 상아질모세포에서 무기질 함량이 많은 또다른 조직인 유법랑질(類琺瑯質, enameloid)을 만들어낸다. 유법랑질 이빨도 매우 튼튼하다. 사실 상어의 유법랑질은 우리의 법랑질만큼 단단한데, 이는 유법랑질의 불소인회석(fluoroapatite) 무기질이 법랑질의 수산화인회석보다 단단하기 때문이다. 또한 불소인회석 결정은 밑에 있는 상아질의 단백질 섬유와 맞물려 이빨을 더 튼튼하게 한다.

상아질(象牙質, dentine)은 뼈처럼 생긴 누르스름한 조직으로, 법랑질만큼 단단하지는 않지만—무기질 함량이 약 70퍼센트에 불과하다—수산화인회석을 단백질(아교질collagen) 섬유와 결합하여 인성과 탄성을 높인다. 상아질은 주로 EDJ에서 안쪽으로 평행하게 늘어선 작은 관인 세관(細管, tubule)(제곱밀리미터당 수만 가닥이 있다)으로 이루어졌다. 세관 안에는 (상아질을 분비하는 세포인) 상아질모세포(odontoblast)의 돌출부가 들어가 있다. 상아질모세포의 세포체는 치수강(齒髓腔, pulp chamber) 벽에 붙어 있다. 이빨이 형성되면 상아질 분비가 느려지지만, 2차 상아질이 계속 분비되기에 평생에 걸쳐 치수강을 거의 채울 수 있다. 치수가 자극을 받으면 3차 상아질이 조직을 복구한다. 각 종류의 상아질은 분비 및 분배의 시기가 다를 뿐 아니라 미세구조와 화학 조성도 다르다.

상아질이 형성되는 방식은 법랑질과 비슷한 점이 있다. EDJ가 될 지점에서 한 층의 상아질모세포가 출발한다. 하지만 법랑질모세포처럼 바깥으로 이동하는 것이 아니라 치수강을 향해 안쪽으로 이동하면서 아교질이 풍부한 상아전질(象牙前質, predentine)을 발자국처럼 남긴다. 상아전질은 발달중인 세포돌기(cell process)를 감싼 가는 세관 속에서 형성된다. 법랑질이 형성될 때처럼 그뒤에 무기질화가 진행되지만, 이 경우는 유기질 성분이 제거되지 않는다. 상아질의 증식선은 법랑질과 비슷하나, 변동 주기가 하루인 것과 더 긴 것이 있는데 각각 폰 에브너 선(von Ebner line)과 안드레센 선(Andresen line)이라고 한다.

백악질(白堊質, cementum)은 무기질 함량이 상아질보다 약간 낮은 평균 65퍼센트이며 나머지는 유기물과 물이다. 백악질은 두께와 분포가 종마다 다르다. 대개는 치근을 덮고 있

으며 포유류와 일부 파충류에서는 치관을 덮기도 한다. 상아
질과 마찬가지로 아교질이 풍부한 **전구백악질**(precementum)
이 먼저 생기고 무기질화가 뒤따른다. 백악질은 별개의 두
층에서 발달한다. 깊이가 더 깊은 **중간백악질**(intermediate
cementum)은 두께가 약 100분의 1밀리미터밖에 안 되지만,
칼슘이 풍부하며 매우 단단하다. 중간백악질은 치근을 덮
고 치근의 법랑질 세관을 봉한다. 바깥쪽의 **치아백악질**(dental
cementum)은 더 두꺼우면서도 연하다. 아교질 섬유 다발이 있
는데, 그중 일부는 무기질화되지 않은 채 (이빨을 턱에 고정하
는) **치주인대**(齒周靭帶, periodontal ligament)에 붙어 있다. 백악
질모세포(cementoblast) 판은 일생 동안 백악질을 분비하여 치
주인대를 끊임없이 재부착한다.

법랑질과 상아질처럼 백악질도 증식선이 있지만, 주기는 논
란거리다. 적어도 일부 사례에서는 대사의 계절적 변이를 반
영하여 해마다 두 개의 뚜렷한 선이 생긴다.

치수(pulp). 치수는 무기질화된 조직과 달리 이빨의 응력과
변형력에 대해 직접적이고 뚜렷한 연관성이 없지만, 이빨 구
조를 온전히 이해하기 위해서는 치수를 살펴보아야 한다. 치
수는 치관강(齒冠腔, crown chamber)과 치근관 안에 들어 있는
연하고 말랑말랑한 결합조직이다. 여러 층으로 이루어지는데,
일부에는 조직을 유지하는 세포가 들어 있으며 나머지 중 일

부는 (끄트머리를 통해서나 옆면을 따라 난 작은 관canal에서 치근에 들어온) 혈관과 신경섬유를 감싸고 있다.

이빨은 어떻게 만들어지는가

낱낱의 조직을 연구하면 이빨이 어떻게 만들어지는지 실마리를 얻을 수 있지만, 이빨을 총체적으로 파악하고 자연이 어떻게 저마다의 방식으로 이빨을 만드는지 알려면 발달생물학을 깊이 탐구해야 한다.

편형동물에서 인간에 이르는 복잡한 동물의 배아는 발달 초기에 내배엽, 중배엽, 외배엽의 세 층으로 분열한다. 척추동물은 네번째 층인 신경능선(neural crest)이 외배엽에서 형성된다. 우리의 이빨은 수정(受精)되고 약 6주 뒤에 발달하기 시작하는데, **치아판**(dental lamina)이라는 외배엽 조직 띠에서 시작된다. 발달의 첫 단계인 발아기(發芽期, bud stage)에 세포는 치아판에서 성장하여 치배를 형성하는데, 이 치배는 발달중인 턱, 특히 **외배엽성중간엽**(ectomesenchyme)이라는 신경능선에서 유도된 층 속으로 파고든다(그림 5 참조).

다음으로 모상기(帽狀期, cap stage)에는 배(胚)가 성장하여 모자 모양의 구조인 **법랑질기관**(enamel organ)을 형성한다. 모자 바로 밑의 외배엽성중간엽은 압축되어 **치아유두**(dental

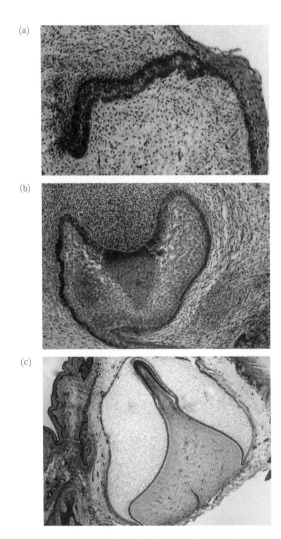

5. 인간의 치아 발달. (a) 발아기, (b) 모상기, (c) 종시기

papilla)라는 덩어리가 된다. 법랑질기관에서 형성된 세포는 최종적으로 법랑질을 만들며 유두에서 형성된 세포는 상아질과 치수를 만든다. 두 세포를 나누는 막은 나중에 EDJ 지점이 된다(여기서 법랑질과 상아질이 만난다). 또한 외배엽성중간엽은 치아기관 주위에 **치아소포**(齒牙小胞, dental follicle)라는 주머니(또는 피막)를 형성한다. 소포세포는 백악질모세포, 이빨 주위의 치조골(齒槽骨, alveolar bone), 이빨을 턱에 고정하는 치주인대를 만든다. 법랑질기관, 치아유두, 치아소포는 발달중인 치배를 함께 구성한다.

마지막으로, 종시기(鐘時期, bell stage)에는 아래쪽의 치아유두가 법랑질기관 속으로 깊이 파고듦에 따라 법랑질기관이 교회 종처럼 보이기 시작한다. 종은 다양한 조직으로 분화하며, 조직들이 접힘에 따라 이빨이 형태를 갖추기 시작한다. 법랑질기관이 만드는 것 중에 법랑질모세포가 있다. 치아유두도 분화하는데, 층들은 최종적으로 상아질모세포와 치수조직을 형성한다. 그런 다음 법랑질과 상아질이 교두꼭지(cusp tip)에서 치근까지 치관을 형성하기 시작한다. 한 층의 세포가 껍질을 형성하여 상아질모세포로 하여금 발달중인 치근관을 상아질로 감싸도록 유도한다. 그러면 백악질모세포가 치근을 백악질로 덮고 치조골과 치주인대가 형성된다.

하지만 자연은 어떻게 해서 이빨을 저마다 다른 형태로 만드는 걸까? 발달생물학자 유카 예른발(Jukka Jernvall)의 연구진은 수년간 이 물음과 씨름하여, 유전자가 어떻게 종 사이에서 이빨 형성의 차이를 조절하는지에 대한 이해를 증진했다. 치관의 형태가 다양한 이유는 발달중에 외배엽이 외배엽성중간엽을 만나는 지점에서 조직들이 다양하게 접히고 성장하기 때문이다. 패턴이 달라지면 교두를 비롯한 치관 부위의 개수, 형태, 배치가 달라진다.

이 과정은 치배 끝에 집중된 작은 세포들인 **1차법랑질매듭**(primary enamel knot)에서 시작된다. 이것은 단백질 분자를 이용하여 신호를 내보내는 지휘 본부와 같다. 이 신호분자들이 세포 분화를 개시하고 종료한다. 하지만 이빨에 교두가 둘 이상이면 상황이 더 복잡해지는데, 교두꼭지가 될 지점에 2차법랑질매듭이 필요하다. 이 2차법랑질매듭도 지휘 본부가 되어 신호분자를 보냄으로써 세포 분화를 개시하고 종료하며 궁극적으로 치관의 형태를 조절한다. 각 교두의 크기는 시기에 따라 달라진다. 대체로 큰 교두가 작은 교두보다 먼저 발달하기 시작한다. 교두의 개수와 배치는 어떨까? 모상기 초기에 1차법랑질매듭은 치배가 2차법랑질매듭을 만들도록 하는 활성단백질(activator protein)과 2차법랑질매듭 형성을 가로막는 억제단백질(inhibitor protein)을 죽기 직전에 내보낸다. 신호들은 발달 조직을 누비며 경주를 벌인다. 2차법랑질매듭 사이의 거리는 활성단백질이 얼마나 빨리 움직이느냐에 따라 달라진다. 교두의 최종 개수를 제한하는 것은 이 거리와 치관의 여유 공간이다.

이빨의 부위가 형성되는 과정에 대한 이 새로운 이해는 이빨 연구자들에게 매우 중요한 의미가 있다. 첫째, 치관의 형태를 만들기 위한 지시는 (이른바) **연쇄 패턴**(cascading pattern)을 따른다. 최초 신호는 도미노가 쓰러지듯 연쇄 반응을 일으킨다. 도미노를 세우고 첫 패를 밀면 나머지는 저절로 진행된다. 더 중요한 사실은 매듭이 매듭을 낳기에 유전자와 교두 사이에 일대일 관계가 전혀 없다는 것이다. '저교두 유전자' 같은 것은 없으며, 교두는 더이상 이빨 진화에서 독자적이고 격리된 주체로 간주되지 못한다. 말하자면 이제 우리는 코프와 오스본이 19세기에 생각한 것처럼 생각할 수 없다.

제 3 장

이빨이 하는 일

아리스토텔레스는 기원전 350년경에 이렇게 썼다. "이빨에는 변함없는 역할이 하나 있으니, 그것은 음식을 부수는 것이다." 이빨이 무엇을 하는지 알려면 우선 척추동물이 이빨에서 무엇을 필요로 하는지 이해해야 한다. 그것은 살아가고 성장하고 번식하기 위한 에너지와 원료다.

생물권의 뷔페

우디 앨런은 영화 〈사랑과 죽음Love and Death〉에서 자연을 "큰 물고기가 작은 물고기를 먹고 식물이 식물을 먹고 동물이 동물을……"이라고 묘사한다. 그는 말꼬리를 흐리다 다시 말을 잇는다. "자연은 거대한 식당 같아요." 지구에서 생명이 깃든 부분을 일컫는 생물권(biosphere)은 일종의 거대한 뷔페로 생각할 수 있다. 동물들은 저마다 다른 먹이를 고르고 집어 접시를 채운다. 에너지는 탄수화물, 지질, 단백질에서 얻을 수 있으며 많은 영양소는 몸에서 합성하거나 장에 서식하는 미생물에게서 얻을 수 있으므로 동물에게는 여러 선택지가 있다.

동물은 녹색식물 같은 영양소 생산자를 먹을 수 있다. 식물은 물, 공기, 암석으로부터 단당류, 아미노산, 지방산 같은 구성 요소를 만든다. 그런 다음 이 구성 요소를 필요에 따라 복합탄수화물, 단백질, 지질로 결합한다. 초식동물은 소화 과정에서 식물의 복합분자(complex molecule)를 기본적 조각으로 쪼갠 뒤에 자신의 필요에 맞게 여러 방법으로 재조합한다. 마찬가지로 육식동물은 초식동물을 잡아먹어 복합분자의 조각들을 섭취하고 소화하고 재조합한다. 마지막으로, 분해자는 식물이나 동물의 잔해나 사체에서 영양소를 얻는다. 이런 식으로 생물의 기본 화학물질은 끊임없이 재활용되고 또 재활용된다.

동물은 수많은 선택지 중에서 어떻게 식이를 선택할까? 관건은 비용과 편익의 균형이다. 사바나의 풀 같은 일부 먹이는 풍부하고 쉽게 얻을 수 있지만 소화하기 힘들다. 대다수 동물은 쉽게 소화할 수 있지만 드물고 잡기 힘들다. 또한 다른 포식자와 경쟁을 벌여야 하며, 먹이를 먹다가 잡아먹힐 위험이 있다. 동물은 에너지와 연료 수요를 충족하기 위해 저마다 다른 선택을 한다. 이빨은 이 선택들에 맞게 진화한다.

필요한 영양소. 탄수화물은 대개 연료로 쓰인다. 대부분 녹색 식물에서 오는데, 녹색식물은 햇빛에서 에너지를 얻으며 이산화탄소와 물로 당과 산소를 만든다. 식물은 단당류를 한 번에 수천 개씩 결합하여 다당류라는 사슬을 만들며, 이를 이용하여 몸의 구조를 떠받치고 에너지를 저장한다. 가장 흔한 다당류는 섬유소다. 섬유소에는 에너지가 많이 저장되어 있지만 척추동물이 꺼내기에는 어려움이 따른다. 우리의 장이 직접 흡수할 수 있는 것은 단당류뿐이며, 우리는 다당류를 붙들어 맨 결합을 끊을 효소를 만들지 못한다. 지질과 단백질 같은 다른 에너지원도 있지만, 대다수 척추동물에게 단당류, 특히 포도당은 뇌와 일부 조직을 가동하는 데 중요한 역할을 한다. 동물은 포도당을 먹이에서 직접 얻거나, 다른 유기분자를 가지고 만들거나, 장내 미생물을 이용하여 복합탄수화물에서 떼어내기도 한다.

지질은 또다른 중요 에너지원으로, 저장해뒀다가 나중에 쓰기에 적합하다. 대부분은 지방산과 알코올이 결합된 단순한 화합물이다. 이를테면 알코올글리세롤 분자는 지방산 세 개와 결합하여 트라이글리세라이드(triglyceride, 중성지방)가 되는데,

이는 식물 기름과 동물 지방의 주성분이다. 트라이글리세라이드는 소화관에서 분해되지만 장벽(腸壁)을 통과하면서 다시 형성될 수 있다. 지질은 연료와 보온의 역할을 할 뿐 아니라 세포막을 구조적으로 떠받치고 여러 세포 기능을 조절한다. 척추동물은 필요한 지방산을 대부분 합성할 수 있지만, 먹이에서 얻어야 하는 필수 지방산도 있다(인간의 경우는 리놀레산linoleic acid과 리놀렌산linolenic acid).

단백질도 중요한 에너지원이다. 단백질은 기다란 아미노산 사슬로, 분해된 조각은 연소되어 에너지를 내거나, 당을 만드는 데 쓰이거나, 지방으로 전환되어 저장될 수 있다. 단백질은 구조적 지탱과 이동, 화학반응 조절과 방어에 이르기까지 몸속에서 여러 중요한 역할을 한다. 단백질의 기능은 사슬을 이루는 아미노산의 개수와 순서에 따라 달라진다. 인체의 단백질에는 스무 종류의 아미노산이 있다. 이것들은 색색의 구슬로 만든 목걸이처럼 엮이며 종종 복잡한 3차원 구조로 접힌다. 척추동물은 필요한 아미노산의 절반가량을 만들 수 있지만, 나머지인 필수 아미노산은 먹이에서 얻거나 장내 세균에서 흡수하거나 제 몸속의 기존 단백질에서 빼앗아야 한다.

비타민은 몸이 정상적으로 작동하고 성장하고 번식하는 데 필요한 나머지 유기 화합물이다. 비타민은 대체로 몸에 저장할 수 있는 지용성 비타민과 몸에 저장할 수 없는 수용성 비타민으로 나뉜다. 대다수 척추동물은 체내에서 (적어도 충분히) 합성하지 못하는 13~17가지 비타민을 섭취하거나 장내 세균에서 얻어야 한다. 인간은 비타민 C를 합성하지 못하지만, 많은 동물은 합성할 수 있다. 그런 동물에게는 아스코르브산염(ascorbate, 비타민 C의 다른 말―옮긴이)이 비타민으로 간주되지 않는다. 동물은 식이를 계획할 때 비타민 섭취의 섬세한 균형을 염두에 두어야 한다. 너무 많은 비타민, 특히 지용성 비타민에는 독성이 있을 수 있기 때문이다.

몸에는 **무기성분**도 필요한데, 적어도 22개(어쩌면 40개 이상)가 정상적 대사 기능에 관여한다. 무기성분은 몸에 필요한 양에 따라 다량무기질(macromineral)과 미량무기질(micromineral, 또는 trace element)로 나뉜다. 간단한 기준은 몸무게 1킬로그램당 50밀리그램 또는 음식 1킬로그램당 100밀리그램이다. 무기성분은 몸속에서 구조적 지탱, 이동, 조절 등 여러 역할을 한다. 하지만 비타민과 마찬가지로 알맞은 양을 섭취하여 결핍과 독성 사이에서 균형을 맞춰야 한다.

마지막 영양소는 物이다. 물은 종종 간과되지만, 놀랍게도 체질량의 절반 이상, 체분자의 99퍼센트를 차지한다. 물은 이동, 대사, 체온 조절에 중요하다. 모든 체액의 주성분이며 용제(溶劑)와 희석제(稀釋劑)로 작용한다. 물은 몸에서 끊임없이 유실되므로 정기적으로 보충해야 한다. 직접 마시거나 음식속 수분에서 얻을 수 있으며, 다른 영양소를 가지고 합성할 수도 있다.

식이 분류. 그렇다면 척추동물은 이런 영양소를 어디서 얻을까? 식물은 생물원의 에너지 대부분을 생산하며, 초식동물이 고를 수 있는 육상식물만 해도 약 30만 종이나 된다. 하지만 상당수는 먹는 데 비용과 어려움이 따른다. 다육과(多肉果) 같은 두어 가지 예외가 있긴 하지만 식물은 먹히고 싶어하지 않는 경향이 있기 때문에 자신을 보호하려고 여러 방어책을 발전시켰다. 식물은 초식동물을 해칠 수 있는 약 3만 3000가지의 화합물을 만들어내며 목질소(lignin)와 그 밖의 물질을 만들어 자신을 뻣뻣하고 딱딱하고 질기게 함으로써 섭취 욕구를 꺾는다. 그럼에도 초식동물에게는 이런 방어를 무력화하려는 강한 유인이 있다. 식물에는 많은 영양소가 있으며 잠재적 에너지 산출량이 어마어마하다. 세포벽은 주로 섬유소 분자로 이루어지는데, 분자 하나하나마다 포도당 단위가 수천 개씩 들어 있을 수 있다.

여기서, 위장관 벽에 서식하는 세균인 장내 공생체(gut symbiote)가 등장한다. 사실 우리 몸에 있는 장내 미생물의 수는 세포의 약 열 배에 이른다. 장내 미생물은 병원균 감염을 막고, 상피세포와 혈관과 림프조직의 성장 같은 정상적 발달 과정을 촉발하며, 장에 들어온 복합탄수화물을 분해한다. 또한 지방산, 아미노산, 비타민 같은 영양소를 합성하기도 한다. 이 덕에 초식동물은 스스로 만들지 못하는 모든 영양소를 먹지 않고도 필요를 충족할 수 있다. 일부 초식동물은 앞창자와 뒤창자, 또는 둘 다에 미생물을 집중시키고 간직하는 특수한 해부학적 구조를 발달시켰다. 뒤창자발효동물(hindgut fermenter)은 커다란 창자 안에 복잡한 주머니가 있으며 대량의 질 낮은 먹이가 재빨리 장을 통과하도록 한다. 어떤 초식동물은 똥이나 식분(食糞, cecotrope. 토끼를 기르는 사람은 잘 알고 있을 '맹장변')을 먹어 두번째로 음식물을 통과시킴으로써 소화 과정을 완료한다. 뒤창자발효동물은 생쥐에서 코끼리, 코알라, 울음원숭이, 말, 코뿔소에 이르기까지 다양하다. 이에 반해 앞창자발효동물(foregut fermenter)은 복잡하고 방이 여러 개 있는 위를 가지고 있어서 먹이의 통과를 늦추거나 제한하여 음식물이 발효될 시간을 번다. 캥거루와 왈라비, 콜로부스원숭이, 하마와 페커리, 낙타와 라마, 나무늘보와 수염고래는 모두 앞창자발효동물이다. 하지만 이 중 어떤 동물의 앞창자발효도 반추동물만큼 아름다운 수준에 이르지는 못했다. 소와 사슴 등의 반추동물은 반추위(stomach chamber)가 네 개 있으며 음식물을 게웠다가(반추하다regurgitate) 다시 씹어 완전히 소화한다.

초식동물은 풀을 먹는 초본초식동물(grazer), 떨기나무와 나무처럼 높이 자라는 식물의 부위를 먹는 목본초식동물 (browser), 둘을 겸하는 혼합초식동물(mixed feeder)로 나눌 수도 있다. 풀은 섬유소 위주의 두꺼운 세포벽이 있지만 복합탄수화물, 단백질, 무기질이 풍부하다. 대부분의 목본초식동물은 **농축 선택자**(concentrate selector)로, 세포벽이 얇고 세포 내용물이 많은 부위를 선호하여 저장 부위(씨앗, 열매, 뿌리), 대사가 활발한 조직(잎, 줄기, 꽃), 그 밖에 화밀이나 수지나 수액 같은 식물 생산물을 먹는다. 각 식이 유형이 공급하는 영양소는 종이나 섭취 부위, 발달 상태나 성숙도 등에 따라 달라진다. 이를테면 익은 과육은 비타민, 단순탄수화물(단당류), 물이 많은 반면에 씨앗과 잎은 단백질과 지방산이 많다. 뿌리와 덩이줄기는 복합탄수화물, 물, 무기질이 많으며 화밀은 거의 전부가 당과 물이다.

다음으로 육식동물(faunivore)이 있다. 많은 사람들은 이 범주를 작은 무척추동물을 주로 잡아먹는 식충동물(insectivore)과 척추동물을 잡아먹는 식육동물(carnivore)로 구분한다. 육식동물은 초식동물에 비해 장단점이 있다. 첫째, 동물은 비슷한 영양소로 이루어졌기 때문에 동화가 수월하다. 따라서 복잡한 장이나 다량의 공생 미생물이 필요하지 않다. 하지만 초식동물과 마찬가지로 육식동물도 비용과 편익을 저울질해야 한다. 동물의 뇌와 일부 조직에는 당이 필요하지만 동물은 당을 많이 가지고 있지 않다. 그래서 육식동물은 먹이의 지방과 단백질에서 포도당을 만드는데, 이 과정을 **당신생**(糖新生, gluconeogenesis)이라 한다. 또한 대다수 동물은 잡아먹히기를 바라지 않으므로 자신을 방어하거나 포식자를 피해 숨거나 이동한다. 포식에는 에너지가 소요되며 위험이 따를 수 있다. 어떤 동물은 독성이 있거나 저항하기도 한다. 많은 무척추동물의 외골격은 주로 키틴(chitin)으로 이루어졌는데, 키틴은 구조가 섬유소와 비슷하기 때문에 부수어 소화하기가 매우 힘들다. 그뿐 아니라 곤충은 덩치가 작기 때문에, 대형 식충동물은 이를 대량으로 섭취하기 위해 군집 종에 치중한다. 대형 식충동물은 군집 곤충을 잡아먹으려고 긴 주둥이, 끈끈한 혀, 튼튼한 발톱 같은 특징을 발달시켰다. 땅돼지, 개미핥기, 가시두더지, 주머니개미핥기, 천산갑을 떠올려보라.

식이의 물리적 성질. 동물은 화학적인 영양학적 성질에 따라 먹이를 선택하는지도 모르지만, 이빨은 먹이의 물리적 성질을 염두에 두고 진화한다. 치기능형태학자(dental functional morphologist) 피터 루커스(Peter Lucas)는 식이의 성질을 외적 성질(예: 크기, 모양, 점도, 표면 질감, 표면의 꺼끌꺼끌함)과 내적 성질(조직의 기계적 성질 또는 파괴 성질)로 나눈다. 이 성질들은 이빨이 맞닥뜨리는 어려움을 고려할 때 중요하게 생각해야 할 요소다. 이 모든 성질은 포획에 대한 먹잇감의 저항과 더불어 먹이 획득에 영향을 끼칠 수 있다. 음식물 처리, 특히 삼키기 전에 부숴야 하는 음식물에도 중요하다.

우리는 음식물이 균열의 시작과 확산에 저항하는 능력을 기술할 때 각각 **경도**(hardness, 단단함)와 **인성**(toughness, 질김)이라는 용어를 쓴다. 씨껍질과 뼈는 단단한 반면에 다 자란 잎과 과피는 질기다. 치과학 연구자들은 이따금 이 성질을 방어 기제로 일컬으며 **응력제한**(stress limited)과 **변위제한**(displacement limited)으로 구분한다. 응력제한 방어 기제는 대상물을 단단하거나 딱딱하게 하여 응력―균열을 발생시키기 위해 주어진 면적에 가해야 하는 힘의 크기―을 증가시킨다. 변위제한 방어 기제는 에너지를 균열의 첨단부에서 전환하거나 소멸시켜 균열 확산을 막는다. 파괴 성질은 이빨에 매우 중요한데, 그 이유는 동물이 어떤 먹이를 먹도록 진화했을 때 그 먹이를 부수는 데 가장 알맞은 도구를 선택해야 하기 때문이다. 주머니칼로 호두를 까거나 호두까기로 살코기를 자르는 사람은 없다. 자연도 마찬가지다.

먹이를 입안에 넣고 삼키기

먹이마다 난점이 다르기 때문에 척추동물은 이에 대처하기 위해 저마다 다른 유형의 이빨을 진화시켰다. 하지만 이빨이 어떻게 작용하는지 이해하려면 이빨의 형태와 파괴 성질의 관계 이상을 알아야 한다. 동물이 어떻게 이빨을 사용하는지—어떻게 먹이를 입에 넣는지, 어떻게 장에 내려보낼 준비를 하는지—알아야 한다.

먹이 획득. 생물권에서 입안으로 먹이를 넣는 것은 쉬운 일이 아니다. 잠재적 음식물은 잡아먹히지 않으려고 달아나거나 스스로를 방어하려 들 수도 있고, 먹을 수 없는 것에 달라붙어 있을 수도 있고, 너무 커서 입에 들어가지 않을 수도 있다. 이런 어려움을 해결하기 위해 이빨은 먹잇감을 잡거나 붙들거나 무력화하거나 죽이고, 먹을 수 있는 부위를 먹을 수 없는 부위에서 분리하고, 먹잇감을 한입 크기의 조각으로 자른다.

그렇다면 이빨 형태는 섭취 행동과 어떤 관계가 있을까? 육식 어류, 양서류, 파충류의 이빨은 원뿔형이나 원통형인 경우가 많은데, 먹잇감을 감싸서 잡기 위해 뒤로 휘어 있다(후굴 recurved). 전자리상어(monk fish)는 입이 좌우로 넓으며 작지만 뾰족한 이빨이 긴 줄을 이루고 있는데, 이빨이 안쪽으로 기울어질 수는 있지만 바깥쪽으로 기울어질 수는 없어서 먹잇감이 입안에 들어갈 수는 있지만 나올 수는 없다. 겉보기에는 위험하지 않을 것 같은 연어는 바늘 모양의 길고 무시무시한 이빨로 먹잇감을 찔러 무력화한다. 어떤 종의 이빨은 양옆으로 압축되어 주머니칼처럼 날카로우며, 가장자리가 톱니처럼 뾰족뾰족하여 먹잇감을 뚫고 들어가기도 한다. 이에 반해 양머리돔의 앞니는 사람의 삽 모양 앞니와 으스스할 정도로 닮았다. 양머리돔은 이 앞니를 이용하여 연체동물과 게 같은 무척추동물을 붙잡고 따개비를 바위와 말뚝에서 긁어낸다.

하지만 이빨 형태와 섭취 행동의 관계에 대한 연구는 대부분 포유류에 치중했다. 어떤 포유류는 하루에 최대 1만 번이나 이빨질을 하기에 섭취의 효율성을 매우 높여야 한다. 포유류의 앞니 크기는 먹이의 양과 종류, 먹이 획득에 이빨을 이용하는 정도, 이빨을 쓰는 방법, 섭취시에 이빨에 가해지는 힘 등과 관계가 있다. 영양의 앞니 너비는 먹이 섭취 속도와 종류를 절충하여 결정된다. 대식가 초본초식동물은 소식가 목본초식동물에 비해 앞니와 코가 넓다. 영장류의 경우, 큰 열매의 껍질을 벗기는 데 앞니를 즐겨 쓰는 동물은 그렇지 않은 동물보다 앞니가 넓다. 설치류의 앞니 크기도 섭식 속도와 관계가 있다. 동료와 경쟁해야 하고 (손쉬운 먹잇감을 찾아 근처를 어슬렁거리는) 포식자에게 덜 노출되어야 하기에 빠를수록 좋다. 앞니 크기와 송곳니 크기의 비율도 중요할 수 있다. 고양이는 꿈틀거리는 먹잇감을 오랫동안 깊숙이 물어서 죽여야 하기에 송곳니가 더 크고 단단하지만 개는 먹잇감을 얕게 베어 상처를 입히고 그 밖의 먹이를 모으기 위해 앞니가 상대적으로 크

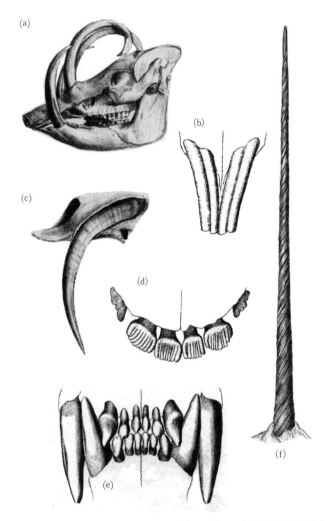

6. 포유류의 앞니. (a) 바비루사, (b) 금빛두더지, (c) 사향노루, (d) 날원숭이, (e) 사자, (f) 일각돌고래

다(그림 6 참조).

포유류의 앞니 크기에 영향을 끼치는 요소는 이뿐만이 아니다. 웜뱃과 땅 파는 설치류 등 일부 종은 땅굴 파기에 유리하도록 앞니가 넓으며 여우원숭이와 나무두더지 같은 종은 털 고르기를 위해 앞니가 빗 모양으로 변형되었다. 그런가 하면 엄니(tusk)가 있는데, 이것은 입을 다물었을 때 입술 위로 튀어나오는 이빨이다. 엄니는 앞니나 송곳니가 커진 것으로, 과시나 싸움에 주로 쓰이지만 다른 역할을 할 수도 있다. 코끼리는 엄니로 땅을 파고 나무에 표시를 하며 일각돌고래는 엄니를 감각기관으로 이용하여 물의 온도, 압력, 화학 조성을 감지한다. 심지어 바다코끼리는 총빙과 바위에 올라갈 때 엄니를 목발로 이용하기도 한다. 바다코끼리의 학명 오도베누스 로스마루스(*Odobenus rosmarus*)는 '이빨로 걷는 바다 말〔馬〕'이라는 뜻이다.

음식물 처리. 음식물 처리는 (적어도 포유류에게는) 씹기를 뜻한다. 이빨은 식물의 세포벽과 곤충의 외골격 같은 보호용 덮개를 찢어 (이빨이 없었다면) 소화되지 않은 채 장을 통과했을 영양소를 흡수한다. 또한 음식물을 작은 조각으로 자르면 삼키는 덩어리의 크기가 작아짐과 동시에 소화효소가 작용할 표면이 커진다. 표면적이 넓어지면 효소의 작용이 늘어나 음식물을 더 완벽하게 소화할 수 있다. 하지만 씹기에는 에너지와 시간이 들기 때문에 비용과 편익을 견주어야 한다. 씹는 시간이 늘수록 섭취에 드는 시간과 섭식량이 줄기 때문이다. 최근 연구에서 남성의 씹는 횟수를 15회에서 40회로 늘리도록 했더니 섭취 열량이 12퍼센트 감소했다. 체중을 감량하겠다면야 좋은 일이지만, 일반적으로 자연의 목표는 효율을 감소시키는 것이 아니라 극대화하는 것이다. 한편 조각이 너무 작으면 장을 너무 빨리 통과하여 세균이 음식물 분해를 도울 시간이 없다. 이것은 너무 많이 씹어서 오히려 소화 효율이 낮아지는 경우다. 이렇게 해서 균형이 이루어진다. 씹기가 증가하면 이빨의 마모가 증가하고 효과적인 음식물 분쇄가 감소하기 때문에, 주어진 조각에 대한 씹기 횟수가 더욱 증가하여 악순환으로 이어질 수 있다.

포유류의 씹기에 대한 기본적 사실들은 오래전부터 밝혀져 있었다. 가장 중요한 요소는 수천 년 전에 아리스토텔레스가 『동물 부분론』에서 이미 설명했다.

머리를 이루는 별도의 두 부분인 머리 윗부분과 아래턱 중, 인간과 태생(胎生)네발짐승[포유류]에서는 후자가 위아래뿐 아니라 옆으로도 움직이는 반면에 어류와 조류, 난생네발짐승[포유류 아닌 척추동물]에서는 위아래로만 움직인다. 그 이유는 음식물을 씹고 자르는 데는 세로 움직임만 필요한 반면에 음식물을 곤죽으로 만들려면 가로 움직임이 필요하기 때문이다. 따라서 맷돌 이빨이 있는 동물은 측면 운동이 유익하지만, 그렇지 않은 동물에게는 아무 쓸모가 없으며 그렇기 때문에 맷돌 이빨이 없는 동물은 결코 측면 운동을 하지 않는다.

남자의 이빨 개수가 여자보다 많다는 주장 같은 안타까운 초보적 오류가 아니었다면 우리는 아리스토텔레스가 통찰력 있는 인물이었다고 생각할지도 모르겠다. 여기서 핵심 세 가지는 다음과 같다. 1) 포유류와 그 밖의 척추동물은 씹는 방법이 다르다. 2) 씹기의 가로 운동은 많은 포유류에서 음식물 분쇄의 핵심이다. 3) 씹기와 이빨 형태는 음식을 효율적으로 분쇄할 수 있도록 짝을 이룬다.

포유류의 저작(咀嚼, mastication)이 독특한 것은 씹는다는 사실 때문이 아니라 씹는 방법 때문이다. 생체역학 연구자 캘럼 로스(Callum Ross)에 따르면 포유류는 '연속체에서의 극단'이다. 포유류는 턱 운동에 좌우―이따금 앞뒤―의 요소를 더하는데, 이것을 각각 횡적 성분(transverse component)과 종적 성분(longitudinal component)이라 부를 수 있다. 각 저작 주기는 1) 아래턱이 내려가는 복원기(recovery stroke), 2) 아래턱이 닫히고 아랫니가 제 위치로 이동하여 마주보는 교합면이 올바른 각도로 접근하는 준비기(preparatory stroke), 3) 아랫니와

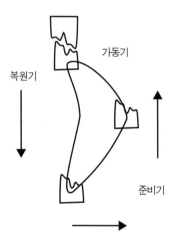

가동기

복원기

준비기

7. 정면에서 큰어금니를 통해 본 양의 저작주기

윗니가 붙었다 떨어졌다 하면서 음식물에 힘을 가하는 가동기(power stroke)의 세 단계로 나뉜다(그림 7 참조).

이빨이 음식물을 분쇄하는 방법

어떤 수준에서는 어금니의 형태가 가동기의 움직임에 영향을 끼치거나 심지어 좌우할 수 있다. 사자가 이빨로 음식물을 갈 수 없는 것은 마주보는 능선들이 교합중에 맞물리는 방식 때문이다. 또다른 수준에서는 교합면 형태가 음식물 분쇄 방식에 영향을 끼친다. 질긴 고기를 자르는 데는 뭉툭한 교두보다 날카로운 날이 낫다. 조르주 퀴비에는 200년 전 유제류(발굽 있는 동물)의 이빨을 기술하면서 두 수준을 구분했다. 그는 유제류의 이빨이 수평 운동을 할 수 있도록 납작하지만, 질긴 식물을 갈 수 있도록 표면이 우툴두툴하다고—법랑질 띠와 상아질 띠가 번갈아 나타난다—지적했다.

이빨의 형태와 식이. 20세기 초의 위대한 고생물학자 조지 게일로드 심프슨은 이빨이 씹기의 가이드 역할을 한다고 상상했다. 어떤 이빨은 교두가 맞은편 함몰부(basin)에 들어맞는다. 이런 이빨은 단단하고 푸석푸석한 음식물을 부수거나 열매를 으깨는 데 알맞다. 일반적 영장류의 원교두는 마주보는 하악 칼날발톱 함몰부에 꼭 들어맞는다. 나머지 교두의 능선은 가윗날처럼 엇갈려 맞물린다. 이것은 고기나 질긴 조직을 자르는 데 알맞다. 개와 고양이는 어금니가 칼날처럼 생겼다. 하지만 다른 동물의 어금니는 두 가지 성질이 다 있어서 풀이나 다른 식물을 갈아 으깨는 데 알맞다. 소의 초승달 모양 능선은 법랑질 띠와 상아질 띠가 번갈아 나타나며, 코끼리의 큰어금니에는 평행한 골이 치관을 양옆으로 가로지르며 스무남은 개 나 있다. 사실 이빨에서 자르는 부위와 으깨는 부위의 상대적 크기를 측정하기만 해도 포유류의 식이에 대해 많은 것을 알 수 있다. 대나무를 먹는 판다, 조개껍데기를 부수는 해달, 화밀과 열매를 먹는 날여우박쥐의 이빨은 식육성 북극곰, 잡식성 오소리, 식충성 문둥이박쥐(serotine bat)에 비해 으깨는 부위가 넓고 자르는 부위가 좁다(그림 8 참조).

하지만 피터 루커스가 지적했듯 턱 운동만 조사해서는 음식물이 어떻게 분쇄되는지 알 수 없다. 이빨은 아랫니와 윗니가 압축 작용을 한다. 이것은 명백하면서도 직관에 어긋난다. 균열을 퍼뜨리려면 두 물체를 누르는 것이 아니라 잡아당겨야 하기 때문이다. 종이를 찢는다고 생각해보라. 압축 작용에 해당하는 예로는 통나무 자르기가 있다. 통나무에 쐐기를 박으면 균열이 퍼지는 첨단부에 장력이 발생한다. 덜 명백하긴 하지만, 호두를 깨뜨리는 것도 예로 들 수 있다. 호두의 가운데를 누르면 힘을 가하는 방향과 수직의 먼 가장자리가 쪼개진다. 직접 해보라. 이 예에서 이빨이 음식물을 어떻게 분쇄하는지 알 수 있다.

어떤 연구자들은 파괴 성질이 저마다 다른 음식물에 대해 이상화된 이빨 형태의 모형을 만들어 실제 사례와 비교한다. 목표는 부수되 부서지지 않는 것이다. 응력제한 음식물은 푸석푸석한 경우가 많아서 한번 균열이 생기면 멈추기 힘들다. 이에 반해 단단한 음식물에 균열을 일으키려면 응력이 많이 가해져야 한다. 교두꼭지는 힘이 집중되는 곳이어서 모형으로 제격이다. 하지만 교두가 너무 뾰족하면 쉽게 손상을 입을 수 있으며, 반구형이면 충분하다. 엇갈려 마주보는 교두 사이에서 함몰부나 여유 공간이 될 수 있는 판도 있어야 한다. 절구처럼 오목한 표면은 음식물을 제자리에 두는 데 유리하다. 돼지와 너구리곰raccoon의 큰어금니가 좋은 예다. 이빨에는 법랑질 띠와 상아질 띠가 번갈아 나타나면서 틈새나 도랑이 생기기도 하는데, 이것은 음식물과 액체가 이빨을 가로질러 혀 쪽으로 들어가도록 유도한다.

변위제한 음식물의 문제는 균열을 일으키는 것보다는 확산시키는 것이다. 이 경우는 뾰족한 이빨이 대체로 유리한데, 질긴 음식물이 눌리면서 이빨 표면으로 퍼져 손상 위험이 줄기 때문이다. 쐐기 모양 날은 균열을 밀어붙이는 데 필요한 에너지를 감소시킬 수 있을 만큼 얇으면서도 자신이 부러지지

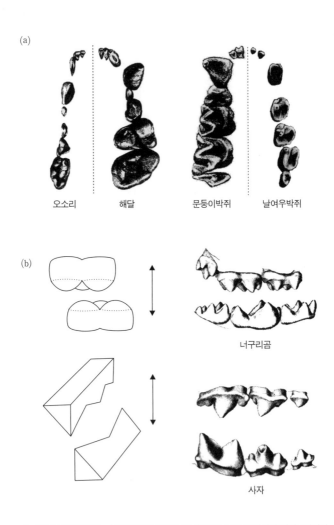

(a)

오소리   해달   문둥이박쥐   날여우박쥐

(b)

너구리곰

사자

8. 이빨의 형태와 기능. (a) 오소리와 해달의 윗니(왼쪽)와 문둥이박쥐와 날여우박쥐의
   윗니(오른쪽), (b) 너구리곰의 교두와 이빨을 이상적으로 모형화한 마주보는 반구,
   그리고 사자의 능선과 이빨을 이상적으로 모형화한 마주보는 날

는 않을 만큼 두꺼우면 괜찮다. 맞은편 표면도 날이 될 수 있지만, 윗니와 아랫니의 끄트머리가 부딪혀 이빨을 손상시키지 않고 서로 엇갈려 지나가도록 약간 어긋나야 한다. 개와 고양이의 열육치(裂肉齒, carnassial)가 좋은 예다. 마지막 위작은어금니와 첫째 아래큰어금니에는 각각 Λ 모양과 V 모양의 날이 있어서 질긴 동물 조직이 잘리면서 밖으로 밀려 나가지 않도록 한다. 톱니가 있는 날도 있는데, 이 날로 음식물을 붙들고 저항력과 탄력을 활용할 수 있다. 스테이크용 나이프를 생각해보라.

하지만 마모 때문에 이빨 형태와 식이의 관계가 복잡해진다. 이빨은 시간이 지나면서 형태가 달라진다. 많은 경우에 이빨의 기본 구조가 마모의 양상을 이끌어 사실상 표면을 조각한다. 날카로운 가장자리는 얇은 법랑질 층이 아래쪽 상아질 있는 곳까지 닳는다. 퀴비에가 묘사했듯 소와 양은 이런 식으로 법랑질 띠와 상아질 띠가 번갈아가며 나타난다. 사실 많은 설치류는 자궁에서 이빨을 갈기 시작하기 때문에, 태어나자마자 이빨이 날카로워서 바로 쓸 수 있다. 이에 반해 이빨이 어느 수준 이상 닳으면 효율성이 낮아지기 시작한다. 이를 상쇄하려고 더 오래 씹거나 더 많이 먹을 수는 있지만, 결국은 굶주려 죽게 된다. 대다수 포유류는 이빨이 닳아 없어지면 무척 곤란해진다. 어떤 종은—특히 탁 트인 사바나에서 질긴 풀을 많이 씹어야 하는 종은—이빨의 높이를 높여 이빨 수명을 증가시켰다. 치근에 비해 치관이 긴 이빨을 **고관치**(高冠齒, hypsodont)라 한다. 설치류의 물어뜯기용 앞니처럼 결코 성장을 멈추지 않고 마모 속도만큼 조직이 생기는 이빨도 있다. 이것을 **영구고관치**(hypselodont)라 한다.

이빨 크기. 어금니의 모양은 음식물을 분쇄하는 데 중요하지만, 크기도 관계가 있다. 언뜻 생각하기에 이빨이 크면 강판이 넓어져 더 많은 음식물을 처리할 수 있을 듯하다. 더 많이 먹어야 한다면—이를테면 같은 양의 음식물에서 적은 양의 에너지가 생산될 때—이빨이 커야 한다. 하지만 이빨 크기가 몸 크기와 함께 변하기 때문에 문제가 간단하지 않다. 코끼리의 이빨이 생쥐보다 큰 것은 단지 몸집이 크기 때문이다. 중요한 질문은 이것이다. 코끼리를 생쥐 크기로 줄이면 이빨 크기도 생쥐와 같아질까? 사실 포유류의 이빨 크기가 몸 크기와 일정하게 비례하는 것은 아니다. 이 때문에 이빨 연구자들 사이에서는 약간의 논란이 있었다.

20세기 초에 스위스의 생물학자 막스 클라이버(Max Kleiber)는 포유류의 몸집이 커지면 동력원으로 에너지를 더 많이 필요로 하지만 이것이 몸 크기와 일정하게 비례하지는 않는다고 주장했다. 클라이버는 동물의 체질량에 따른 대사량 증가율이 4분의 3임을 밝혀냈다. 쉽게 말하자면 몸무게가 여러분의 100배인 코끼리는 여러분이 쉬고 있을 때 연소하는 에너지의 약 32배를 연소해야 한다. 그렇다면 고생물학자 데이비드 필빔(David Pilbeam)과 스티븐 J. 굴드(Stephen J. Gould) 말마따나 체질량에 따른 이빨 면적 증가율도 이 정도가 되어야 한다. 하지만 또다른 고생물학자 리처드 케이(Richard Kay)는 대형 포유류가 질 낮은 음식물을 먹는 경향이 있음에 주목했다. 식이가 비슷한 포유류를 비교하자면, 몸 크기에 따른 이빨 면적 증가율은 4분의 3이 아니라 3분의 2다. 이빨 면적은 2차원 척도이고 부피는 3차원 척도이므로 3분의 2가 뜻하는 바는 식이가 비슷한 포유류의 몸 크기에 대한 저작 면적 증가율이 1이라는 것이다.

그렇다면 클라이버의 법칙은 어떻게 된 것일까? 소형 동물은 대형 동물보다 엔진 효율이 낮을 수 있다. 표면적이 부피에 비해 크기 때문에 열 손실이 커서 단위 몸무게당 더 많은 연료를 태워야 한다. 하지만 고생물학자 미카엘 포르텔리우스(Mikael Fortelius)가 밝혀냈듯 대형 동물은 소형 동물보다 씹는 속도가 느리다. 그는 (나머지 조건이 모두 같다면) 음식물이 장에 도달하는 속도의 차이가 대형 동물과 소형 동물의 필요량 차이와 맞아떨어진다고 주장했다. 좀 복잡하긴 하지만, 이것만 기억하면 된다. 생쥐를 코끼리만하게 키우면 코끼리와 같은 식이에 적응할 경우 이빨 크기도 코끼리와 같아야 한다.

다른 한편으로 식이의 질이 낮으면 더 많은 음식물을 처리해야 하기에 후치가 커져야 한다. 이 법칙은 많은 경우에 들어맞지만 예외도 있다. 턱의 여유 공간 같은 그 밖의 변수가 작용하여 일이 복잡해지기도 한다.

음식 발자국. 연구자들은 현생 동물의 이빨 크기 및 형태와 식이의 관계를 알아내어 이를 통해 화석 종의 이빨에서 식이를 유추하려고 노력한다. 하지만 더 직접적인 도구가 있다. 이것을 **음식 발자국**(foodprint)이라고 부르자. 음식 발자국은 모래 위 발자국처럼 어떤 개체의 과거 활동이 남긴 흔적이다. 여기에는 음식물이 이빨에 남기는 화학적 특징과 이빨 마모 패턴이 포함된다.

음식물은 화학 조성이 저마다 다르다. 다른 원소로 구성되며 산소, 질소, 탄소 등의 동위원소 비율도 다르다. 음식물은 뼈와 이빨을 만드는 데 원료로 쓰이기 때문에 이 조직들의 화학 조성은 식이의 중요한 실마리가 된다. 이를테면 식물은 동물에 비해 칼슘보다 스트론튬이 많으며 잎보다는 뿌리와 줄기에 더 많다. 따라서 화석의 스트론튬 대 칼슘 비를 이용하여 오래전에 멸종한 종의 식이를 재구성할 수 있다(이 원소들의 함량이 살아 있는 생물 안에 있을 때와 똑같이 유지된다면).

동위원소는 어떨까? 산소 원자의 핵에는 양성자가 8개 있지만 중성자 개수는 달라질 수 있어서 원자량이 조금씩 다른 동위원소가 된다. 양성자와 중성자의 개수를 더하면 원자량을 얻을 수 있다. 원자량이 8인 산소는 ^{16}O, 원자량이 10인 산소는 ^{18}O라고 부른다. ^{16}O로 이루어진 물은 ^{18}O로 이루어진 물에 비해 잎에서 더 빨리 증산(蒸散)한다. 따라서 잎에서 수분을 얻는 동물은 물을 마시는 동물에 비해 ^{18}O가 풍부하다(특히, 건조한 환경에서). 연구자들은 먹이 사슬을 따라 질소 동위원소 비가 달라지는 현상에도 주목한다. 육식동물은 먹잇감보다, 초식동물은 먹이 식물보다 ^{15}N 대 ^{14}N 비율이 크다. 식이 재구성에서 가장 흔히 쓰이는 원소는 탄소다. 식물은 태양 에너지를 이용하여 이산화탄소와 물을 저마다 다른 방식으로 탄수화물과 산소로 전환한다. 대부분은 (이른바) C_3 광합성 회로를 이용하는데, 이 방법에서는 무거운 ^{13}C 동위원소로 이루어진 CO_2를 차별한다. 대부분의 열대 풀은 다른 회로(C_4)를 이용하는데, 이 방법은 ^{13}C를 덜 차별한다. 따라서 열대의 초본초식동물은 나무, 덤불, 떨기나무를 먹는 목본초식동물에 비해 ^{13}C 대 ^{12}C 비가 대체로 크다.

흔히 쓰이는 또다른 음식 발자국으로 이빨 마모가 있다. 이빨 마모에는 중간마모(mesowear)와 미세마모(microwear)가 있다. 중간마모는 마주보는 이빨이 서로 문지르면 날카로운 면이 형성되지만 음식물에 의한 마모로 인해 이것이 닳아 없어진다는 발상에서 출발한다. 실제로 초본초식 유제류는 마모도

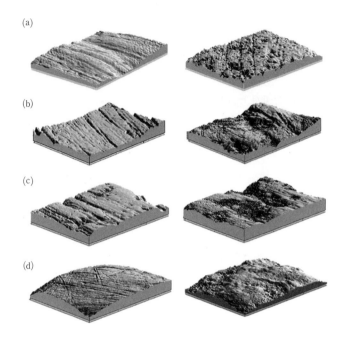

9. 이빨의 미세마모. (a) 초본초식 영양(왼쪽)과 목본초식 영양(오른쪽), (b) 나뭇잎을 먹는 영장류(왼쪽)와 견과를 먹는 영장류(오른쪽), (c) 살코기를 먹는 치타(왼쪽)와 뼈를 먹는 하이에나(오른쪽), (d) 육식성 도마뱀(왼쪽)과 껍데기를 부수는 도마뱀(오른쪽). 각 사진의 면적은 0.1×0.14mm.

가 적은 음식물을 먹는 목본초식 유제류에 비해 이빨이 뭉툭하다. 미세마모는 이빨을 이용하여 생기는 현미경적 흠집과 구멍을 조사하는 것이다. 단단한 음식물을 아래위 이빨로 으깨는 포유류의 이빨 표면에 구멍이 많은 것은 놀랄 일이 아니다. 이에 반해 질긴 음식물을 먹는 포유류의 이빨 표면에는 흠집이 많으며, 이 흠집들은 종종 나란히 나 있다. 아랫니가 윗니를 스쳐 지나가면서 음식물의 위나 속에 있는 마찰 성분이 아래위 날 사이로 끌려 들어가면 충분히 그럴 수 있다. 미세마모의 차이로부터 매우 다양한 척추동물, 특히 포유류의 식이 차이를 알 수 있다(그림 9 참조). 견과를 먹는 원숭이는 미세마모 구멍이 많고 잎을 먹는 원숭이는 흠집이 많다. 목본초식, 특히 열매를 먹는 영양은 구멍이 많고 초본초식 영양은 흠집이 많다. 뼈를 으깨는 하이에나는 구멍이 많고 살코기를 좋아하는 치타는 흠집이 많다. 이 밖에도 수많은 예가 있다.

제 4 장

포유류 이전의
이빨

이빨은 언제 처음 생겼을까? 어디서 생겼을까? 연구자들은 이 의문을 해결하기 위해 비교해부학과 치아조직학, 고생물학, 발생학, 유전학 등 온갖 수단을 동원했다. 답은 심층시간의 안개에 가려 흐릿하며 격렬한 논쟁을 낳았으나 새로운 통찰이 거세게 등장하고 있다.

성게, 거미, 민달팽이, 오징어

이빨 하면 사람들은 으레 상어나 공룡, 심지어 인간을 생각한다. 턱이 있는 척추동물, 즉 유악류(gnathostome)를 떠올리는 것이다. 하지만 민달팽이에서 거미, 성게, 오징어에 이르기까지 수많은 동물의 입안이나 주위에 이빨의 기능을 하는 비슷한 구조가 달려 있다. 이 녀석들의 이빨을 경화하는 성분은 우리의 이빨과 달리 인산칼슘이 아니라 탄산칼슘, 키틴, 케라틴이다. 이 구조들은 우리의 이빨과 별개로 진화했지만, 전후 사정을 파악하는 데 중요하다. 자연이 먹이의 획득과 처리라는 과제를 해결하는 방법을 보여주는 근사한 독자적 사례이기 때문이다(그림 10 참조).

성게는 이런 구조가 다섯 개 있는데, 이는 아리스토텔레스의 등(Aristotle's lantern)이라는 섭식기관의 일부를 이룬다. 아리스토텔레스는 『동물지Historia animalium』에서 이 기관을 "각등(角燈)에서 각판(角板)을 뺀 것"과 닮았다고 묘사했다. '이빨' 자체는 각각 휘어진 삼각형처럼 생겼으며 한데 모으면 돔을 이룬다. 돔은 입의 바깥쪽을 향하며 돔이 열렸다 닫혔다 할 때마다 '이빨'의 끄트머리가 맞붙었다 떨어졌다 하면서 바위에서 조류(藻類)를 긁어낸다. 석회암에 구멍을 뚫어 보금자리 구멍을 만드는 역할도 한다. 이빨과 바위 둘 다 탄산칼슘으로 이루어졌으나, 놀랍게도 이 '이빨'은 날카로움을 잃지 않는다. 어떻게 된 것일까? 성게 '이빨'은 끊임없이 자라며, 그 현미경적 구조는 약한 판이 예정된 패턴대로 부러져 날카로운 모서리를 유지하도록 되어 있다. 마그네슘도 '이빨'—특히 끄트머리—을 경화한다. 최근 들어 성게는 생체모방 디자인을 이

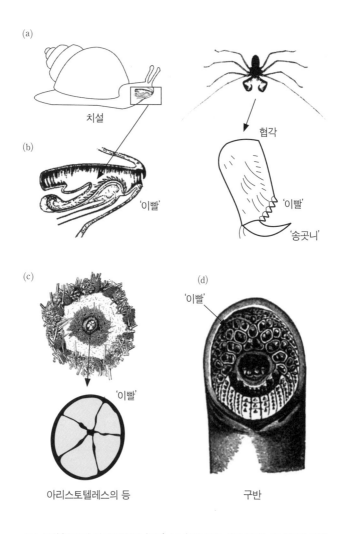

(a)

치설

협각

(b)

'이빨'

'이빨'

'송곳니'

(c)

'이빨'

(d)

'이빨'

아리스토텔레스의 등

구반

10. 무척추동물과 칠성장어류의 '이빨'. (a) 연체동물의 치설 '이빨', (b) 거미의 협각,
(c) 성게의 아리스토텔레스의 등, (d) 칠성장어(lamprey)의 구반과 '이빨'

용하여 스스로 연마되는 연장을 만들고 싶어하는 공학자들의 주목을 받았다.

거미의 **협각**(鋏脚, chelicera)도 떠오른다. 기본 모형은 송곳니를 경첩 모양 관절로 기부(基部)에 부착한 모양이다. 송곳니는 접칼을 접었다 폈다 하듯 지렛대 방식으로 기부의 홈에 맞물려 아래의 음식물을 으깬다. 홈의 가장자리에는 뾰족한 '이빨'이 늘어서 있는 경우가 많은데, 대체로 한두 줄에 최대 15개가량이 나 있다. 이 '이빨'은 종마다―심지어 같은 줄 안에서도―크기와 모양이 제각각이다. 송곳니의 안쪽 면도 음식물을 찢는 데 유리하도록 스테이크용 나이프처럼 톱니가 있는 경우가 있다. 이 남다른 구조는 독액을 분비하는 역할과 먹잇감을 연한 곤죽으로 으깨어 삼키기 쉽도록 만드는 역할을 겸한다.

연체동물도 '이빨'이 있다. 민달팽이에서 달팽이, 오징어에 이르는 수만 종이 이에 해당한다. 연체동물의 '이빨'은 **치설**(齒舌, radula)로 불리는 입속의 키틴질 리본 위에서 줄을 이룬다. 많은 연체동물이 이 구조를 빗처럼 활용하여 미생물을 걸러내거나 줄칼처럼 활용하여 음식물을 바위나 껍데기에서 긁어낸다. 치설은 대개 손톱(handsaw)처럼 앞뒤로 움직인다. 치설 '이빨'은 작고 뒤쪽으로 휘는 경향이 있지만, 모양과 크기는 종과 섭식 기능에 따라 다양할 수 있다. 심지어 한 개체 안에서도 달라질 수 있다. 사실 식이가 달라지면 닳아버린 옛 '이빨'을 대신하여 새 '이빨'이 날 때 모양 변화를 자극할 수 있다. 극단적으로 전문화된 치설도 있다. 이를테면 물레고둥(whelk)은 일반적으로 사브르처럼 생긴 긴 '이빨'이 한 줄에 세 개씩 나 있다. 이 '이빨'로 따개비와 백합에 구멍을 뚫는데, 탄산칼슘을 녹이는 분비물도 동원한다. 청자고둥의 치설은 피부 밑 주사기의 바늘로 변형되어 독액을 주입하는 데 쓰인다. 끝에 달린 미늘을 입에서 작살처럼 뻗어 먹잇감을 공격하고 마비시킨다.

마지막으로, 먹장어와 칠성장어를 살펴보자. 녀석들은 무악어류인데, 그들의 조상은 턱이 진화하기 전의 유악류 계통에서 갈라져 나왔다. 성게, 거미, 민달팽이와 마찬가지로 녀석들의 '이빨'은 우리 이빨과 별 관계가 없다. 구성 성분은 우리 손톱과 같은 케라틴이다. 먹장어가 입을 벌리면 치판(齒板) 두 개가 펼쳐지는데, 각 판에는 날카로운 후굴 '이빨'이 두 줄 나 있다. 먹잇감이 '이빨'에 걸리면 치판을 오므려 접는다. 먹장어는 이런 식으로 죽은 동물이나 죽어가는 동물에게서 살점을 뜯어낸다. 이에 반해 칠성장어—적어도 바다에 서식하는 대다수 성체—는 기생동물이어서 구반(口盤, oral disc)에 줄지어 난 뾰족한 '이빨'로 살아 있는 먹잇감을 찌르고 빨판처럼 생긴 입을 이용하여 들러붙는다. 또한 혀처럼 생긴 구조를 이용하여 살갗을 긁어내고 항응고제를 분비하여 숙주에게서 피가 계속 흘러나오도록 한다.

'진짜' 이빨의 기원

하지만 진짜 이빨은 어떻게 생겼을까? 금붕어도 이빨이 있고 사람도 이빨이 있다. 이빨은 공통 조상에게서 각 동물에게 전해졌다. 생물학 용어로 말하자면 이빨은 **상동**(相同, homologous) 구조다. 우리의 진화 계통에서 최초의 동물에게 이빨이 있었다고 상상해보라. 이빨의 유전이 그 먼 조상에게까지 거슬러올라갈 수 있으면 이빨은 '진짜'다.

이 조상에 대해 우리는 무엇을 알고 있을까? 척추동물이었다는 것은 안다. 치아 발달을 설명하면서 복잡한 동물의 배아가 발달 초기에 내배엽, 중배엽, 외배엽의 세 층으로 분열한다고 했던 것 기억나는가? 척추동물에게는 외배엽에서 형성된 네번째 층인 신경능선이 있다는 것도 떠올려보라. 신경능선 세포는 분화하여 배아의 다른 부위들로 이동해서는 다른 세포들과 상호작용하여 이빨을 비롯한 다양한 구조를 형성한다. 이빨을 만들려면 신경능선이 있어야 하기 때문에, 진짜 이빨의 탐구는 척추동물에 국한해도 무방하다.

밖에서 안으로. 첫번째 단서는 상어에게 있다. 상어와 가오리의 피부는 **방패비늘**(placoid scale)이라는 이빨처럼 생긴 작은 구조로 덮여 있다. 이 덕에 상어의 피부는 사포처럼 거칠다. 방패비늘은 작은 상아질 원뿔로, 연골 기부 안에 수강(髓腔, pulp cavity)이 있고 그 속에 혈관이 들어 있다. 이빨과 비슷하지 않은가? 이 유사성 때문에, 턱이 진화하면서 입 주위 피부의 비늘이 변형되어 입속으로 들어와 이빨이 되었다는 가설이 성행했다. 이른바 '밖에서 안으로' 가설이다. 방패비늘은 이빨의 전신(前身)으로 알맞은 모형이며 둘 다 **진피성치**(眞皮性齒, odontode)라는 동일한 기본 구조를 가진 기초 단위의 변이형이다.

'밖에서 안으로' 가설이 옳다면 진짜 이빨이 진화하기 이전의 화석에서 이빨처럼 생긴 비늘을 찾아야 한다. 찾았을까? 알려진 최초의 척추동물은 적어도 5억 3000만 년 이전의 캄브리아기 초로 거슬러올라간다(표 1 참조). 이 화석들은 비늘도 이빨도 없기 때문에 우리에게 별 도움이 안 된다. 하지만 좀더 어린 척추동물인 갑주어(甲冑魚, ostracoderm)에게서 단서를 찾을 수 있을지도 모른다. 갑주어는 캄브리아기 후반(약 5억 년 전)에 나타난 무악어류로, 1억 년 가까이 바다를 지배했다. 비늘로 덮인 꼬리와 두갑(頭甲)은 인산칼슘으로 경화된 작은 판으로 이루어졌다. 각 판의 바깥 면은 상아질이며, 때로는 더 무기질화되어 법랑질 비슷한 조직으로 덮여 있었다. 이 구

대代	기紀	시작 시기(100만 년 전)
고생대	캄브리아기	541.0 ± 1.0
	오르도비스기	485.4 ± 1.9
	실루리아기	443.4 ± 1.5
	데본기	419.2 ± 3.2
	석탄기	358.9 ± 0.4
	페름기	298.9 ± 0.15
중생대	트라이아스기	252.17 ± 0.06
	쥐라기	201.3 ± 0.2
	백악기	~145.0
신생대	고제3기	66.0
	신제3기	23.03
	제4기	2.588

「국제 시간층서연대표International Chronostratigraphic Chart v 2013/01」(국제층서위원회)를
바탕으로 작성

표1. 현생이언의 지질학적 시대 구분

조로 감싼 수강 안에 혈관이 들어 있었다. 판 아래에는 말랑말랑한 층판골(層板骨, lamellar bone)이 있었다. 갑주어는 이빨이 없었지만 일부는 입 가장자리에 진피성치처럼 생긴 판이 있었는데, 여기에 달린 작은 덩어리(또는 미늘)로 미생물을 물에서 걸러내는 섭식 기능을 했는지도 모른다.

안에서 밖으로. 다른 한편에는 추치류(錐齒類, conodont)가 있다. 이것은 약 5억 1000만 년 전부터 2억 2000만 년 전 사이에 살았던 뱀장어 모양 동물의 다양한 무리를 일컫는다. 추치류는 갑주어의 경화된 비늘과 피갑(皮甲)은 없었지만, 머리 안쪽 목 주변에 인산칼슘으로 이루어진 이빨 모양의 작은 부위(추치)들이 있었다. 추치는 단순한 원뿔형에서 정교한 3D 구조의 복잡한 배열에 이르기까지 모양과 크기가 놀랍도록 다양했다. 추치의 형태와 마모에 대한 연구에 따르면 추치류의 이 부위는 음식물을 자르고 가는 데 쓰였다. 우리의 첫 포유류 조상이 윗니와 아랫니를 처음으로 다문 것은 그로부터 수억 년 뒤의 일이다. 사실 추치류는 씹기를 시도한 최초의 동물이었을지도 모른다. 언뜻 보기에 이빨은 목에서 출발하여 나중에 입 가장자리로 나온 듯하다. 이것이 '안에서 밖으로' 가설이다(그림 11 참조). 그렇다면 이빨이 턱보다 먼저 진화했다는 말이 된다. 여러분과 내게는 놀랍게 들릴지도 모르겠지만 얼룩말다니오(zebrafish)에게는 그렇지 않다. 녀석의 이빨은 입안

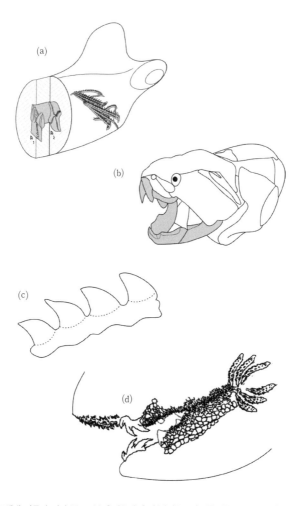

11. 고생대 어류의 이빨 구조. (a) 추치류의 추치(이디오그나토두스류*Idiognathodus*),
(b) 판피어류의 구판(口板, oral plate. 둔클레오스테우스*Dunkleosteus*), (c) 강린류
(腔鱗類, thelodont)의 인두치상돌기(로가넬리아*Loganellia*), (d) 극교류의 비늘과
이빨(이스크나칸티드류ischnacanthid)

이 아니라 인두(咽頭, pharynx) 안에 있으니 말이다. 사실 많은 물고기가 인두치(咽頭齒, pharyngeal teeth)를 가지고 있다. 인두치는 매우 정교하거나 서로 마주보거나 경화된 판으로, 목을 통과하는 음식물을 분쇄한다. 게다가 방패비늘, 인두치상돌기(pharyngeal denticle), 이빨은 모두 같은 유전 명령 집합에 따라 형성된 **연속상동**(serial homologue)이다. 진화는 연속상동을 통해 작용하는 것이 일반적이어서, 기존 부위를 복제하고 이를 변형하거나 보강하여 새로운 필요에 부응한다. 팔과 다리를 생각해보라.

그렇긴 해도 추치와 유악류 이빨의 현미경적 구조는 사실 꽤 다르며 하나에서 다른 하나가 진화했다는 증거는 전혀 없다. 실은 추치와 유악류 이빨은 독자적으로 발달했을 가능성이 더 크다.

이렇게 되면 실루리아기(거의 4억 4000만 년 전)의 **로가넬리아 스코티카**(*Loganellia scotica*)가 무대 중앙에 등장한다. 로가넬리아 스코티카는 척추동물임이 더 분명했음에도 구치(口齒)와 턱이 없었으며 방패비늘과 인두치상돌기를 둘 다 가지고 있었다. 녀석의 비늘보다는 치상돌기가 모여 이룬 집단이 이빨과 더 비슷하게 생겼는데, 이는 '안에서 밖으로' 가설을 뒷받침한다. 하지만 녀석의 인두치상돌기는 이빨과 상동이 아니었을지도 모른다. 일반적인 진피성치 구조 면에서는 이빨과 같았지만, 배치가 달랐으며 로가넬리아의 많은 근연종은 이 구조가 없었다. 따라서 선조격 유악류 이빨과 별개로 이 종에서 독자적으로 진화한 것일 수도 있다. 한 분류군이 이빨처럼 생긴 구조를 진화시킬 수 있다면 두 분류군, 세 분류군, 아니 그 이상이라고 왜 못하겠는가? 이것을 **성인적상동**(成因的相同, homoplasy. 수렴진화)이라 한다. 이 때문에, 화석 종이 어떤 관계인지 그 해부학적 특징이 언제 어디서 무엇으로부터 진화했는지 알아내려다 낭패를 겪을 수 있다.

초기 유악어류. 오늘날의 유악척추동물은 대부분 이빨이 있다(그림 12 참조). 그렇다면 이빨의 기원에 대한 증거를 찾을 최적의 장소는 최초의 유악류일 것이다. 전통적으로 유악류는 한편으로는 완전히 멸종한 극교류(棘鮫類, acanthodian)와 판피어류(板皮魚類, placoderm), 다른 한편으로는 연골어류(軟骨魚類, chondrichthyan. 상어, 가오리, 은상어처럼 뼈 대신에 물렁뼈가 있는 어류)와 경골어류(硬骨魚類, osteichthyan. 뼈 있는 어류와 육상 척추동물)로 구분되었다. 하지만 이것은 자연적 분류군이 전혀 아닐 수도 있다. 일부 극교류는 다른 극교류보다는 경골어류와 더 가까웠을 것이며, 일부 판피어류는 다른 판피어류보다는 현생 어류와 가까웠음이 분명하다. 하지만 이들의 관계가 더 자세히 밝혀질 때까지는 이 분류가 적어도 최초의 이빨을 찾는 편리한 방도일 것이다.

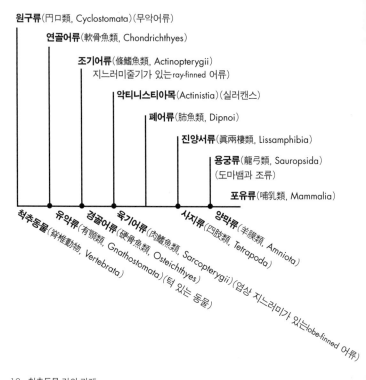

원구류(円口類, Cyclostomata)(무악어류)

연골어류(軟骨魚類, Chondrichthyes)

조기어류(條鰭魚類, Actinopterygii)
지느러미줄기가 있는 ray-finned 어류)

악티니스티아목(Actinistia)(실러캔스)

폐어류(肺魚類, Dipnoi)

진양서류(眞兩棲類, Lissamphibia)

용궁류(龍弓類, Sauropsida)
(도마뱀과 조류)

포유류(哺乳類, Mammalia)

척추동물(脊椎動物, Vertebrata)

유악류(有顎類, Gnathostomata)(턱 있는 동물)

경골어류(硬骨魚類, Osteichthyes)

육기어류(肉鰭魚類, Sarcopterygii)(엽상 지느러미가 있는 lobe-finned 어류)

사지류(四肢類, Tetrapoda)

양막류(羊膜類, Amniota)

12. 척추동물 간의 관계

실루리아기 바다에서 출발하는 게 좋겠다(층서연대는 83쪽 표 1 참조). 당시는 진화가 급격히 진행되고 있었다. 이 시기에는 무악어류가 다양하게 분화했을 뿐 아니라 네 가지 유악류 분류군—처음에는 극교류와 판피어류, 나중에는 경골어류와 연골어류—의 의심할 여지 없는 최초 증거가 나타난다. 극교류는 작은 상어를 닮았지만 상어는 아니었다. 녀석들은 실루리아기 전기 또는 그 이전에 나타나 뒤이은 데본기에 온갖 해양 생태계에 퍼졌으며 페름기까지 1억 5000만 년을 생존했다. 대부분의 초기 극교류는 위아래 턱이 있었으나 이빨은 없었다. 그 대신 **아가미갈퀴**(gill raker)라는 손가락 모양의 작은 가시로 물에 떠 있는 먹이를 아가미에 들어오기 전에 걸러냈다. 하지만 일부는 이빨이 있었다. 몇몇은 소용돌이이빨(tooth whorl)이 턱에 줄지어 있었는데, 기본적으로 나선형이나 아치형의 톱니 모양 컨베이어 벨트였으며 뾰족한 후굴 원뿔이나 세모가 번갈아 제자리를 잡았다. 줄지은 낱낱의 이빨이 하나씩 앞쪽에 더해져 턱뼈에 융합된 것도 있었다. 뒤쪽 이빨은 닳거나 깨졌다. 하지만 두 종류의 이빨이 다 있는 것도 있었다.

극교류는 이빨의 기원에 대해 많은 것을 알려준다. 오늘날 대부분의 어류와 달리 극교류는 이빨이 빠지고 새로 나지 않았으며 상아질을 둘러싼 법랑질이나 유법랑질도 없었다. 이는 초기 유악류가 이빨 만드는 법을 알아내고 나서야 이빨을 교체하거나 (무기질 농도가 높은 덮개로) 강화하는 법을 배웠음을 시사한다. 일부 연구자는 극교류가 상어보다는 경골어류에 더 가깝다고 주장하기도 했다. 그렇다면 이빨의 교체와 경화는 경골어류와 연골어류에서 독자적으로 진화했을 것이다. 마지막으로, 일부 극교류는 머리의 비늘이 이빨로 전환되는 과정을 보여주는 듯하다. 이를테면 이스크나칸티드류(ischnacanthid)는 입술과 (특히) 볼비늘이 있다. 볼비늘은 소용돌이이빨을 닮았으며 입에 가까워질수록 커진다. 또한 소용돌이이빨과 마찬가지로―하지만 로가넬리아 스코티카의 인두치상돌기와는 다르게―교두가 새로 생길수록 커진다. 이것은 '밖에서 안으로' 가설의 증거인 듯하다.

이제 판피어류 차례다. 판피어류는 유악어류로, 극교류와 마찬가지로 실루리아기 전기에 나타나 데본기에 번성했다. 판피어류는 전성기에 해양 환경과 민물 환경을 지배했으나, 데본기 말의 생태 위기와 대량 멸종에서 살아남지 못한 듯하다. 판피어류의 머리와 가슴은 두꺼운 골갑(骨甲)으로 보호되었으며 초기 종은 작은 가시나 치상돌기가 치판을 덮고 있었다. 연구자들은 이것을 이빨이라고 불러야 할지 논쟁중이다. 특히 절경류(節頸類, arthrodire)라는 더 발전한 판피어류의 치상돌기는 이빨과 더욱 비슷했다. 교두는 연달아 추가되었고 상아질로 이루어졌으며 아래의 수강은 생전에 조직으로 가득차 있었다. 극교류와 마찬가지로 절경류도 이 구조가 빠지거나 새로 나지는 않았다. 원시 판피어류에게는 이빨이 없었으나 절경류에게는 있었다면, 원시 판피어류와 절경류의 조상이 서로 다르지 않은 한 이빨은 이 분류군과 현생 어류에게서 독자적으로 진화했을 것이다. 하지만 이것이 진짜 이빨이든 아니든 자기보호 본능이 있는 데본기 후기 어류는 바닷속에서 덩치가 가장 큰 절경류를 결코 무시하지 않았다. 이를테면 길이 10미터의 거대 포식자 둔클레오스테우스는 길고 면도날처럼 날카로운 치판이 있었는데, 현생 백상아리 중에서 가장 사나운 녀석도 몸을 돌려 달아났을 것이다.

이정표와 추세

이빨이 일단 자리를 잡자 어떻게 하면 이빨을 개선할 수 있을지로 초점이 옮겨갔다. 상어와 연골어류를 경골어류와 비교하고 경골어류를 양서류와 비교하고 양서류를 파충류와 비교하고 파충류를 포유류와 비교하면 중요한 이정표와 추세가 뚜렷이 드러난다. 법랑질이 진화했으며 이빨을 턱에 붙이는 새로운 방법이 등장했다. 이빨의 개수, 분포, 교체의 감소를 향한 추세가 나타났다. 우리는 (한 입안의) 여러 종류의 이빨, 복잡한 치관, 교합, 씹기 하면 으레 포유류를 떠올리지만, 그 밖의 많은 척추동물도 이 중 하나 이상을 실험했다. 하긴 이빨의 나이는 포유류보다 두 배가량 많으니 말이다(그림 13 참조).

법랑질. 척추동물의 이빨은 일반적으로 무기질 함량이 높은 모자로 덮여 있다(대부분의 어류는 유법랑질이고 대부분의 사지류는 법랑질이다). 유법랑질과 법랑질 둘 다 이빨을 튼튼하게 하는 경화된 조직이지만 발달 과정은 다르다. 법랑질은 법랑질 모세포에서 형성되는 반면에 유법랑질은 법랑질모세포와 상아질모세포가 함께 작용해야 한다. 이것은 조직의 기저 구조와 화학 조성에 중요한 의미가 있다. 유전학 연구에 따르면 법랑질은 연골어류와 경골어류가 갈라진 뒤에 진화했다(아마도 3억 5000만 년 전 이전에 사지류가 된 육기어류에서 생겼을 것이다). 하지만 포유류 법랑질 특유의 복잡한 막대 구조는 훨씬 뒤인 중생대에 나타났다.

이빨 부착. 이빨을 턱에 붙이는 방법은 종마다 다르다. 턱의 끄트머리나 옆에 고정할 수도 있고 치조(齒槽, tooth socket)에 끼울 수도 있다. 뼈로 연결할 수도 있고 치주인대로 연결할 수도 있다. 개별적으로 부착할 수도 있고 공통의 조직으로 한꺼번에 부착할 수도 있다. 연골어류는 대체로 결합조직 판을 공동으로 이용하고 경골어류는 하나씩 붙인다. 경골어류는 이빨을 턱 끄트머리에 붙이는 반면에 양서류와 대다수 파충류는 옆에 연결한다. 오늘날 치조가 있는 동물은 몇몇 어류와 악어,

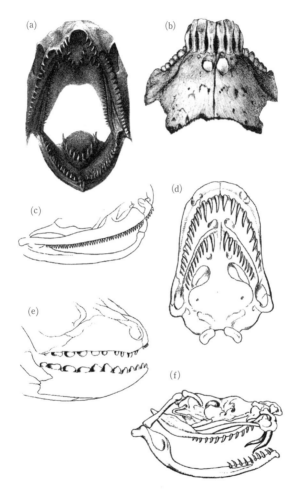

13. 어류, 양서류, 파충류의 이빨. (a) 연어, (b) 양머리돔, (c) 개구리, (d) 무족영원(蠑螈), (e) 날도마뱀, (f) 피트바이퍼

포유류뿐이지만, 과거에는 이빨 있는 조류와 공룡 등 훨씬 많은 동물이 치조를 가지고 있었다. 악어는 이빨이 같은 치조에서 계속 나지만, 포유류는 젖니가 빠지고 간니가 날 때 치조의 벽이 새 뼈로 대체된다. 또한 악어의 이빨은 부분적으로 무기질화된 인대로 치조에 고정된다. 이것은 포유류의 치주인대와 (더 원시적인) 척추동물의 골부착(骨附着) 중간이다.

이빨의 개수, 분포, 교체의 감소. 어류는 입안에 수천 개의 이빨을 가질 수 있다. 양서류는 개수가 그보다 적지만 대체로 파충류보다는 많다. 포유류는 더 적다. 하지만 이 추세에는 예외가 있어서, 각 분류군의 일부 종은 다른 종보다 이빨 개수가 적으며 아예 없는 것도 있다.

구강(口腔, oral cavity)에서의 이빨 배치도 분류군마다 차이가 있다. 어류는 입과 목 전체에 이빨이 퍼져 있지만 양서류와 파충류는 분포가 제한적이다(하지만 두개골의 여러 뼈에도 붙어 있다). 포유류의 이빨은 입의 가장자리에 국한되며 뼈 두세 개에 삽입되는 것이 고작이다. (사람의 경우는 상악골과 하악골이다.)

마지막으로, 이빨이 교체되는 횟수가 감소하는 경향이 있다. 상어는 이빨이 빠지고 새 이빨이 나기를 200번이나 할 수 있는 반면에 악어는 약 45~50세대에 불과하다. 포유류는 이빨을 한 번만 갈거나 아예 갈지 않는다. (현생 및 화석) 도마뱀은 포유류와 마찬가지로 정확한 교합이 필요하기 때문에 이 갈이 횟수가 줄었다.

치관 분화. 우리는 어류, 양서류, 파충류의 이빨이 단순한 말뚝 모양일 거라 생각한다. 하지만 이빨처럼 진화 가능한 구조가 몸에 영양소를 공급할 필요성과 맞물려 수억 년간 진화하면 단순한 말뚝보다 나은 결과가 생길 수 있으며 실제로도 그렇다. 어류는 종 수가 약 2만 8000종에 이르며, 상상할 수 있는 거의 모든 수생 서식처에 서식하면서 지구상에서 가장 작은 생물에서 가장 큰 생물에 이르기까지 온갖 먹이를 잡아먹는다. 어류의 이빨이 다양한 것은 당연하다. 이를테면 괭이상어(horn shark)는 날카롭고 뾰족한 앞니로 먹잇감을 꼼짝 못하게 하고 뒤쪽의 두껍고 둥근 이빨로 성게와 단단한 껍질의 연체동물, 갑각류를 으스러뜨린다. 어류의 이빨은 듬성듬성하고 가시처럼 생긴 것에서 빽빽하고 교두가 많은 것까지 다양하다. 심지어 표면에 능선이 있는 것도 있다. 이빨은 입안에서의—또는 목 안에서의—위치에 따라 다를 뿐 아니라 간니가 이전 세대와 다른 경우도 많다.

양서류의 이빨은 변동이 덜하다. 대부분은 상아질이나 섬유질 결합조직이 뚜렷한 고리 모양으로 치근과 치관을 분리하기에, 이빨이 받침대에 얹힌 것처럼 보인다. 이 이빨은 실제로도 **받침대 있는 이빨**(pedicellate)로 불린다. 치관은 대체로 단순

한 말뚝 모양이지만 교두가 두 개 있는 경우도 있다. 화석 종
은 또다른 특징이 있다. 영원과 뱀장어를 닮은 작은 종의 다양
한 분류군인 고생대 후기의 공추류(空椎類, lepospondyl)는 치
관이 더 둥글납작했으며 교두 발달은 어중간했다. 더 최근(쥐
라기 중기에서 신제3기 전기까지)에는 도롱뇽을 닮은 알바네르
페톤티드류(albanerpetontid)가 서식했는데, 녀석들은 (적어도
양서류 치형태학의 비교적 느슨한 기준에서 보건대) 교두가 꽤 복
잡하고 많았다. 양서류의 간니는 전 세대 이빨과도 다를 수 있
다. 다리가 없어서 벌레나 뱀처럼 보이는 무족영원을 생각해
보라. 성체는 작고 날카로운 이빨이 수십 개 있는데, 그 자체
만으로도 인상적이지만 갓 부화한 새끼의 이빨은 작은 갈고
리처럼 생겼으며 어미의 피부를 벗겨내어 먹는 데 쓰인다.

파충류로 넘어가서 인룡류(鱗龍類, lepidosaur. 도마뱀과 뱀)는
앞니가 뾰족하고 후굴이지만 뒤쪽의 이빨은 더 복잡하다. 이
구아나는 후치가 칼날처럼 생겼으며 양옆으로 압축되어 식물
을 자르는 데 쓴다. 교두가 여러 개 있거나 큰 톱날이 있어서
이빨이 잎처럼 보인다. 이에 반해 코모도왕도마뱀은 작은 톱
니가 난 길고 날카로운—특히 뒤쪽 끝의—후굴 이빨로 살코
기를 저민다. 근연종인 그레이왕도마뱀(Gray's monitor lizard)
은 더 뭉툭하고 둥글둥글한 치관으로 열매와 달팽이 껍데기
를 으깬다. 일부 채찍꼬리도마뱀(whiptail)은 어금니처럼 생긴

후치에 교두 두세 개가 나란히 돋아 있다. 화석도 남다른 특징이 있다. 백악기 후기의 폴리글리파노돈(*Polyglyphanodon*)은 어금니처럼 생긴 연치의 안쪽 교두와 바깥쪽 교두가 날카로운 V 모양에다 끄트머리에 작은 톱니가 난 날로 연결되어 있어서, 개나 고양이의 열육치를 옆으로 누인 것과 스테이크용 나이프를 교차한 형태다. 어류와 양서류의 간니와 마찬가지로 파충류의 간니는 전 세대와 다르기 때문에 나이가 들면서 형태가 달라질 수 있다.

이에 반해 주룡류(主龍類, archosaur. 악어, 조류 및 근연종)는 음식물 처리에 다른 전략을 쓴다. 현생 악어의 이빨은 단순한 원뿔형이며 조류는 이빨이 아예 없다. 조류는 **모래주머니**(gizzard)라는 위(胃) 속 근육질 방에 들어 있는 작은 돌(위석胃石, gastrolith)로 음식물을 간다. 조류의 모래주머니 안벽은 케라틴이며 먹이의 성질에 따라 모양과 근육질 정도가 다르다. 이 덕에 조류의 소화 효율은 포유류와 비슷하다. 이빨은 에너지에 굶주린 항온동물의 몸을 데우는 문제에 대한 포유류의 해결책이지만, 모래주머니의 사례에서 보듯 이것이 유일한 해결책은 아니다.

화석 주룡류의 치관은 현생 후손보다 훨씬 정교한 경우가 많았다. 이를테면 백악기 전기에 중국에 서식한 멸종 악어 키메라악어(*Chimaerasuchus*)는 어금니처럼 생긴 윗니에 후굴 교두가 앞뒤로 일곱 개씩 세 줄로 나 있었다. 공룡은 이빨 형태가 믿을 수 없을 만큼 다양했다(그림 14 참조). 엉덩이가 도마뱀처럼 생긴 용반류(龍盤類, saurischian)부터 살펴보자. 용반류에는 수각류(獸脚類, theropod. 티라노사우루스 렉스 같은 대부분의 이족 육식공룡)와 용각류(龍脚類, sauropod. 브론토사우루스라고 불리던 아파토사우루스처럼 덩치가 크고 목이 긴 초식공룡)가 있다. 수각류는 주로 단검 모양의 납작한 후굴 이빨을 가졌으며 가장자리가 날카로운 톱니 모양이거나 끝이 작은 갈고리 모양으로 튀어나왔다. 아마도 먹잇감을 잡고 살점을 뜯기 위해서였을 것이다. 이에 반해 용각류는 말뚝 모양이나 원뿔형의 작은 이빨이 여러 줄 나 있었는데, 아마도 식물을 뜯어먹기 위해서였을 것이다.

하지만 주룡류의 이빨 형태가 정점에 이른 것은 엉덩이가 새처럼 생긴 조반류(鳥盤類, ornithischian)에서다. 많은 조반류는 치관이 극도로 화려하고 전치와 후치의 모양이 달랐는데, 이로부터 이빨의 임무가 분화되었음을 알 수 있다. 이를테면 헤테로돈토사우루스류(heterodontosaurid)는 말뚝 모양의 작은 앞니와 송곳니처럼 생긴 엄니가 나 있었으며, 복잡한 연치는 종종 끌처럼 생겼고 저작면 가장자리를 따라 능선이나 치상돌기가 돋았다. 많은 조반류는 창 모양 어금니가 났으며 앞뒤 가장자리를 이루는 날에는 톱니나 치상돌기가 달려 있었다.

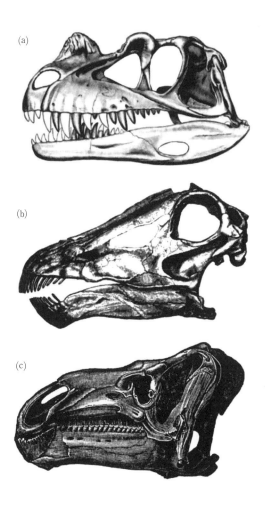

14. 공룡의 두개골과 이빨. (a) 수각류(케라토사우루스), (b) 용각류(디플로도쿠스),
    (c) 조반류(이구아노돈)

법랑질은 주로 윗니 바깥쪽과 아랫니 안쪽이 더 두꺼우며, 반대 면에는 법랑질이 아예 없을지도 모른다. 상아질은 법랑질보다 무르기 때문에, 마주보는 이빨은 먹이를 먹는 동안 서로 갈려서 가장자리가 마모되어 날카로워졌다. 하지만 가장 정교한 이빨을 가진 공룡은 하드로사우루스(hadrosaurs)와 케라톱스류ceratopsid였다. 오리주둥이 공룡, 뿔 공룡, 갈기 공룡은 이빨 무리가 독특하게 배열되었다. 날 이빨 수십 개가 빽빽하게 맞물려 길고 종종 연속된 표면을 이루었다. 뒤이은 세대의 이빨들도 턱에서 서로 또는 이웃한 이빨 무리와 맞물렸다. 이렇게 생긴 3D 배열 덕에 평생 동안 질긴 식물을 효율적이고 순조롭게 자르고 빻을 수 있었다.

교합과 저작. 날이 맞물리지 않는 가위로 무언가를 자르려 한다고 상상해보라. 음식물을 씹으려면 위아래가 정확히 들어맞아야 한다. 교두는 함몰부에, 능선은 맞은편 능선에 들어맞아야 한다. 아랫니와 윗니가 맞아야 할 뿐 아니라 마주보는 표면이 맞닿도록 턱을 정교하게 움직일 수 있는 근육 조절 능력과 이런 움직임이 가능한 관절이 있어야 한다. 육상 척추동물의 정확한 교합과 저작은 약 3억 년 전에 살았던, 파충류처럼 생긴 대형 사지류 디아덱티드류(diadectid)로 거슬러올라간다. 이 과(科)는 고생대 후기에 다양하고 널리 퍼져 있었다. 디아덱티드류는 연치가—특히 성체의 경우—넓고 둥글납작했으며 마주보는 표면의 마모 위치가 일치했는데, 이는 위아래 이빨이 섭식중에 맞닿았다는 유력한 단서다. 이 마모 면의 미세한 흠집이 앞뒤 방향으로 난 것으로 보건대 아래턱과 그곳에 부착된 이빨은 음식물을 씹는 동안 좌우가 아니라 앞뒤로 움직였을 것이다. 이러한 종적 움직임을 **전후저작**(propaliny)이라 한다. 뉴질랜드에 서식하며 도마뱀처럼 생긴 파충류인 옛도마뱀(tuatara)과 오늘날의 많은 설치류는 이런 저작 운동을 이용하여 음식물을 빻거나 간다.

오리주둥이 공룡과 근연종은 더 기발하고 정교한 저작 체계를 발전시켰다. 대부분의 현생 파충류와 마찬가지로 경첩처럼 생긴 단순한 턱은 위아래로 여닫는 것이 고작이었다. 하지만 포유류처럼 마주보는 교합 면 사이에서 수직 운동과 좌우 운동을 할 수 있었다. 어떻게 그럴 수 있었을까? 아래어금니는 안쪽 가장자리가 바깥쪽보다 높게 경사졌으며 위어금니는 반대로 경사졌다. 아래턱을 들면 아랫니가 쐐기 작용을 하여 윗니의 좌우 열을 벌어지게 했다(위턱의 좌우가 붙어 있지 않았다). 입을 열면 근육이나 인대가 위턱의 좌우를 끌어당겨 윗니를 안쪽으로 모았다. 복잡하다고? 포유류에 비하면 약과다.

제 5 장

포유류 이빨의
진화 과정

다음번에 식사를 할 때 여러분의 입안에서 무슨 일이 일어나는지 생각해보라. 턱과 목, 볼의 근육, 혀, 이빨, 침샘은 모두 감각 되먹임과 조응하여 음식물을 붙잡고 나르고 씹고 삼킨다. 음식물을 부수는 데 필요한 힘을 발생시키고 가하고 소멸시킬 때, 마주보는 이빨의 배치와 움직임은 몇 분의 1밀리미터 수준으로 정밀하다. 여러분은 입안에서 음식물의 위치를 정하여 붙들어두며, 숨이 막히지 않도록 공기와 음식물이 따로 내려가게 한다. 이 모든 것이 섬세하게 조율되며 여러 부위가 조화와 상승 작용 속에 협력한다. 이 놀라운 체계는 어떻게 진화했을까? 답은 돌에 새겨져 있다. 수억 년에 걸친 화석 기록이 남아 있기 때문이다. 이 기록은 포유류의 기원과 진화를 알려주는 이야기다.

세 번의 거대한 물결

약 3억 1000만 년 전 석탄기 후기에서 출발하자. 파충류, 조류, 포유류의 조상인 초기 양막류는 마른 땅에 낳고 품어 부화할 수 있는 알을 진화시켰다. 그리하여 이들은 수생 환경의 족쇄에서 풀려났으며, 온전한 육상 생활 방식이라는 새로운 기회와 도전에 적응한 종은 번성하기 시작했다. 세 종류의 양막류가 진화했는데, 이들은 두개골 측면의 구멍(또는 '창') 개수에 따라 1) 구멍이 없는 무궁류(無弓類, anapsid), 2) 구멍이 하나인 단궁류(單弓類, synapsid), 3) 구멍이 둘인 이궁류(二弓類, diapsid)로 구분된다. 현생 파충류는 모두 이궁류이며—오늘날 거북은 두개골이 무궁류처럼 생겼지만 역시 이궁류다—포유류는 단궁류다. 하지만 최초의 단궁류는 포유류보다 훨씬 전에 나타났다. 사실 양막류 중에서도 최초였다. 단궁류는 세 번의 거대한 물결로 진화했으니, 처음은 반룡류(盤龍類, pelycosaur), 두번째는 수궁류(獸弓類, therapsid), 마지막이 포유류다. 물결이 일 때마다 종이 유난히 방산(放散)했으며 이렇게 방산한 종들은 당대의 지배적인 육상 척추동물이 되었다.

반룡류. 반룡류는 석탄기 후기에서 페름기 전기 사이에 판

게아 초대륙의 온난·다습한 적도 생태계를 지배했다. 일부는 육식동물이었는데, 이빨은 뾰족한 원뿔형이었으며 입안의 각 사분역(四分域)에는 송곳니처럼 생긴 커다란 이빨이 두 개씩 있었다. 나머지는 초식동물로, 뭉툭한 (이따금) 잎 모양 이빨이 좌우로 압축되었으며 앞뒤 모서리는 굵은 톱니로 이루어졌다. 반룡류는 형태와 크기가 다양했으나, 등에 돛 모양 지느러미가 달린 에다포사우루스(*Edaphosaurus*)와 디메트로돈(*Dimetrodon*)은 전세계 자연사 박물관의 애장품이다. 에다포사우루스는 말뚝 모양의 작은 이빨이 턱 가장자리에 나 있었는데, 질긴 식물을 뜯고 가는 용도였을 것이다. 이에 반해 디메트로돈은 당시의 최상위 포식자로, 앞니와 (특히) 송곳니를 닮은 커다란 이빨이 나 있었으나 작고 뾰족한 연치는 후굴한 스테이크용 나이프처럼 생기고 앞뒷면에 톱니 칼날이 달렸다. 반룡류는 전성기에 승승장구했으며 수천만 년간 번성했으나, 대기 중 이산화탄소 농도와 지구 기온이 상승하고 계절성 건조가 심해지면서 끝내 쇠퇴하고 말았으며 페름기 말에는 자취를 감췄다.

수궁류. 수궁류는 반룡류의 방산 과정에서 등장하여 결국 반룡류를 대체했다. 이 파충류는 페름기 중기의 변화하는 환경과 고위도 지역에서 번성했는데, 체온과 체내 수분 균형을 조절하는 능력 덕분이었을 것이다. 수궁류는 몸 아래로 곧게 내려온 다리, 높은 대사율, 심지어 털과 수유에 이르기까지 포유류와 훨씬 비슷했다. 수궁류가 언제 처음 나타났는지를 놓고 연구자들이 논쟁을 벌이고 있지만, 약 2억 6500만 년 전에 다양한 집단이 자리잡았으며 페름기 나머지 기간에 번성했다. 수궁류는 길이가 몇 센티미터에서 6미터까지, 땅을 파는 녀석에서 헤엄치는 녀석까지, 대식가 초식동물에서 최상위 포식자까지 다양했다. 상당수는 이빨이 꽤 복잡했다. 어떤 종은 마주 보고 맞물리는 앞니를 발달시켰으며 사브르처럼 생긴 긴 송곳니 엄니가 흔했다. 잘 알려진 디키노돈트(dicynodont)는 종종 위턱 양쪽에 엄니가 한 쌍씩 있었는데, 이 때문에 '개 이빨 두 개'를 뜻하는 이름을 얻었다.

그러다 약 2억 5100만 년 전에 페름기가 끝나는 사건, 아니 사건들이 일어났다. 고생물학자 마이클 벤턴(Michael Benton)은 이것을 '시대를 통틀어 최대의 대량 멸종'이라고 부른다. 발단은 혜성이나 소행성의 충돌일 수도 있고, 대규모 화산 분출일 수도 있고, 어쩌면 불운하게도 둘이 동시에 일어난 것일 수도 있다. 지구상의 모든 종 중에서 최대 96퍼센트가 지질학적 찰나에 사라졌다. 그뒤로 지구 생태계가 복원되는 데는 1500만 년이 걸렸다. 살아남은 수궁류 종은 손으로 꼽을 정도였으나, 재난의 먼지가 가라앉은 트라이아스기에 그들의 후손은 중요한 포식자와 초식동물로 등장했다. 초식 수궁류의 일부는 교두와 능선이 번갈아가며 맞물리는 매우 정교한 어금니를 가졌으며, 이 덕분에 앞뒤 저작 동작을 이용하여 질긴 식물을 갈 수 있었다. 그럼에도 포유류를 닮은 이 파충류는 다시는 고생대 후기만큼 지상을 지배하지 못했다. 트라이아스기 후기가 되자 지배파충류(archosauromorph), 특히 공룡이 방산하여 육지 생태계를 점령하기 시작했다.

최초의 포유류. 하지만 단궁류는 사라지지 않았다. 최초의 포유류는 트라이아스기 후기의 수궁류 방산에서 등장했다. 하지만 포유류는 앞선 반룡류나 수궁류와 달리 금세 우위를 차지하지는 못했다. 박물관에 전시된 전형적인 모형을 떠올려보라. 곤충을 잡아먹는 소형 야행성 동물이 두려움에 몸을 숨긴 채 바위가 떨어져 공룡의 치세가 끝장나기만을 기다리는 광경 말이다. 포유류가 지상을 지배하기 시작한 것은 신생대 들어서였지만, 중생대에도 어느 정도 방산이 이루어졌으며 이로써 이후의 사건이 벌어질 무대가 마련되었다. 초기 포유류가 체온 조절과 단열 능력을 향상시켜 적응하면서 춥고 어두운 밤에 먹이를 찾아다니는 장면을 떠올려보라. 몸을 데우려면 연료가 많이 필요하기에, 이빨은 먹이를 효율적으로 얻고 처리해야 하는 압박을 심하게 받았을 것이다. 청각과 후각의 중요성이 커지면서 대뇌에서 두 감각을 담당하는 부위가 커졌다. 고생물학자 톰 켐프(Tom Kemp)에 따르면 이는 섭식 효율의 증가와 (점차 힘들어지는) 먹이 사슬을 탐색하기 위한 감각의 향상이라는 되먹임 고리를 촉발했다. 그 결과가 포유류의 탄생이다.

포유류의 씹기를 이해하는 열쇠

포유류 씹기(저작)의 진화적 증거를 찾으려면 단궁류의 화석 이빨과 두개골에서 대여섯 가지를 눈여겨봐야 한다. 여기에는 전치와 후치의 (다른 형태로의) 분리, 새로운 턱관절, 저작근육의 재구성, 두 벌의 이빨, 골구개(骨口蓋), 치아법랑질막대 등이 있다.

노동 분업. 일부 어류, 양서류, 파충류도 입안에서의 위치에 따라 이빨의 종류가 다르긴 하지만, 앞에서 보았듯 포유류는 이빨 노동 분업을 새로운 차원으로 끌어올렸다. 실마리는 반룡류에서 찾을 수 있다. 이를테면 '디메트로돈'이라는 이름은 그리스어 '디메트로스'(두 종류)와 '오돈'(이빨)에서 왔다. 그런데 이것은 디메트로돈을 과소평가한 것이다. 포유류를 닮은 이 파충류의 이빨은 두꺼운 전치, 송곳니처럼 생긴 길고 뾰족한 이빨, 칼날처럼 생긴 후굴 후치의 세 종류였다. 수궁류가 등장할 때쯤이면 이 이빨 유형들을 앞니, 송곳니, 어금니라고 불러도 무방할 정도다. 키노돈트, 즉 '개 이빨' 수궁류는 특히 포유류와 닮았다. 상당수는 송곳니에서 그 줄의 뒤쪽으로 치관이 점차 복잡해졌는데, 이는 작은어금니와 큰어금니의 분리를 예시했다. 일부는 음식물을 자르기 위한 칼날 구조에서 음식물을 갈기 위한 여러 줄의 작은 초승달 모양 교두에 이르기까지 정교한 어금니를 발전시켰다. 트라이아스기 후기가 되자 키노돈트의 한 집단인 트리텔로돈티드(trithelodontid)가 포유류 조상의 것으로 볼 만한 이빨을 진화시켰다. 트리텔로돈티드의 어금니는 한 줄의 교두가 앞뒤로 나 있으며 능선이 이를 연결한다. 사용으로 마모된 면의 위치로 보건대 음식물을 자르는 가위 역할을 했을 것이다.

저작근육의 재구성(그림 15 참조). 최초의 양막류는 경첩 모양의 단순한 턱관절을 가지고 있었다. 아래턱을 들 때는 **내전근**(內轉筋, adductor)이라는 근육을 이용했는데, 이것은 하악골을 두른 멜빵처럼 생겼다. 안쪽 내전근은 구개를 아래턱 안쪽과 연결했으며 바깥쪽 내전근은 두개골 측면에서 하악골 바깥쪽까지 이어졌다. 이 구조는 입을 다무는 데는 충분했으나 (포유류의 저작에 필요한) 정확한 좌우 또는 앞뒤 움직임에는 미흡했다. 포유류는 턱 운동을 더 섬세하게 조절할 수 있어야 한다.

오늘날 포유류는 멜빵의 안쪽 부분인 **내익돌근**(內翼突筋, medial pterygoid)은 여전히 하나이지만, 바깥쪽 부분은 **측두근**(側頭筋, temporalis)과 **교근**(咬筋, masseter)으로 분리되었다. 음

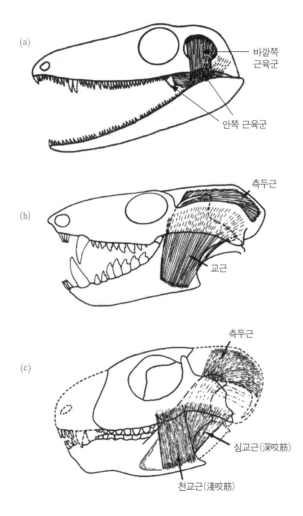

15. 단궁류의 두개골과 저작근육. (a) 반룡류, (b) 키노돈트(트리낙소돈*Thrinaxodon*),
(c) 후기 키노돈트(루앙과*Luangwa*)

식물을 씹으면서 관자놀이를 (지그시) 누르면 측두근이 수축하는 것을 느낄 수 있으며, 아래턱 하반부를 누르면 교근을 느낄 수 있다. 두 근육은 두개골의 서로 다른 부위에 부착되고 섬유의 방향이 서로 달라서 아래턱을 여러 방향으로 끌어당길 수 있다. 우리의 턱이 자유자재로 움직일 수 있는 것은 이 근육들이 분리되어 있고 독자적으로 제어되는 부위로 다시 나뉘었기 때문이다. 이를테면 측두근의 뒤쪽 끝 섬유는 아래턱을 들어올리는 것과 더불어 뒤로 잡아당기며, 교근의 바깥쪽은 아래턱을 앞으로 잡아당긴다. 저작근육의 좌우를 교대로 수축하면 턱을 좌우로 정확히 움직일 수 있다.

초기 단궁류의 화석 두개골에서 부착 위치를 살펴보면 이 저작근육이 어떻게 진화했는지에 대해 중요한 단서를 얻을 수 있다. 단궁류의 두개골 측면에 구멍(또는 '창')이 하나 있으며 이것이 다른 양막류와의 차이점임을 떠올려보라. 사실 단궁류의 이름은 그리스어 '신'(함께)과 '압시스'(아치)에서 왔다. 이 '아치'의 골질 가장자리가 힘줄을 부착할 넓은 표면을 제공함으로써 턱을 닫는 근육은 더 커질 수 있고 더 강하고 섬세하게 물 수 있다.

후기 반룡류는 무는 힘을 증가시키는 또다른 중요한 적응을 발달시켰다. 하악에서 치열 뒤쪽으로 튀어나온 골질 마디인 **근융기**(筋隆起, coronoid eminence)는 중요한 부위다. 이 마디 덕에 바깥쪽의 턱 드는 근육을 부착할 면적이 넓어지고 턱관절과 중심점에서 멀어졌다. 시소를 타보면 알 수 있듯 중심점에서 멀어질수록 같은 힘으로 더 많은 일을 할 수 있다.

저작 효율의 개선은 수궁류 진화 내내 계속되어, 어떤 종은 두개골 앞뒤로 커다란 능선을 발달시켜 턱 닫는 근육의 부착 공간을 늘렸고, 어떤 종은 근융기를 더 정교한 구조로 확장하여 오늘날 포유류의 **근돌기**(筋突起, coronoid process)로 만들었다. 골질 부착 면은 키노돈트에서 바깥쪽 저작근육이 측두근과 교근으로 갈라졌음을 보여준다. 이와 더불어 두개골 밑면의 안쪽 저작근육 부착 면적이 감소하면서 턱을 더 섬세하게 제어할 수 있게 되었을 것이다. 또한 이런 조정이 이루어진 덕에 씹는 지점에서의 힘이 정확한 균형을 이루고 턱관절에 가해지는 힘이 줄었다. 이 모든 변화는 포유류의 씹기에 중요했다.

턱관절. 물론 턱관절이 포유류의 저작에 필요한 운동과 힘을 처리하지 못하면 저작근육을 재구성해봐야 별 소용이 없다. 대다수 현생 파충류의 턱관절은 그러지 못한다. 두개골 바닥에 있는 뼈인 **방골**(方骨, quadrate)과 하악 뒤쪽에 있는 뼈인 **관절골**(關節骨, articular)이 단순한 경첩 하나로만 연결되어 있기 때문이다. 방골은 아래로 뻗어 관절골의 고랑(trough) 또는 오목(recess)에 들어맞는다. 이것은 입을 벌리고 다무는 데는 알맞지만 좌우나 앞뒤로 움직이는 데는 그다지 유리하지 않다. 하지만 포유류의 턱관절인 **측두하악관절**[側頭下顎關節, temporomandibular joint(TMJ)]은 전혀 다르다. 다른 뼈—두개골의 **인상골**(鱗狀骨, squamosal)과 하악골의 **치골**(齒骨, dentary)—로 이루어졌을 뿐 아니라, 두개골이 하악골의 오목에 들어맞는 게 아니라 하악골이 두개골의 오목에 들어맞는다. 이 덕분에 턱을 훨씬 다양하게 움직일 수 있다(그림 16 참조).

반룡류와 초기 수궁류는 경첩 모양의 원시적 관절을 간직했지만 일부 후기 수궁류는 방골을 수축시키고 방골과 옆의 인상골 사이의 운동성을 증가시켰다. 마침내 후기 키노돈트는 인상골을 아래턱에 연결하는 인대를 진화시켜 하악골을 안정시키고 방골의 부담을 덜어주었다. 일부는 인상골과 치골이 맞닿기까지 했는데, 이는 포유류 턱관절의 전조다. 하지만 아직도 진정한 포유류 턱관절은 아니었다. 두개골의 오목인 **관절와**(關節窩, glenoid surface)에 들어맞는 하악골 돌기인 **과두**(顆頭, condyle)가 없었기 때문이다.

진정한 포유류 턱관절을 가진 최초의 단궁류는 정의상 최초의 포유류였다. TMJ는 포유강(Mammalia)의 결정적 형질이다. 연구자들이 턱관절을 중요시할 만도 하다. 최초의 포유류는 TMJ 옆에 옛 관절골-방골 연결을 유지했지만, 새 관절이

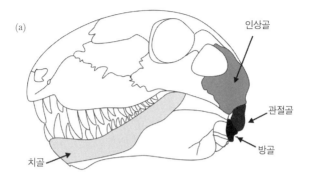

인상골

관절골

방골

치골

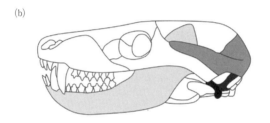

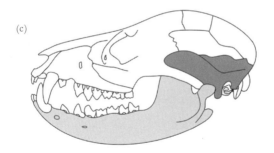

16. 단궁류의 두개골과 이빨. (a) 반룡류(디메트로돈), (b) 키노돈트(트리낙소돈),
  (c) 현생 주머니쥐

점차 우세해져 결국 옛 관절을 완전히 대체했다. 이 덕에 자유로워진 관절골과 방골은 중이골(中耳骨, middle ear bone)이라는 새 역할을 맡는다. 관절골은 추골(槌骨, malleus)의 일부가 되었고 방골은 침골(砧骨, incus)이 되었다. 아래턱뼈의 또 다른 부위인 각골(角骨, angular)은 고막의 테두리가 되었는데, 이 구조는 진화하면서 하악골에서 두개골로 이동했다. 이 덕에 (특히 고주파에서의) 청각 민감도가 커졌다. 하지만 이 이야기는 다른 책에서 다뤄야 할 것이다.

이갈이. 포유류 아닌 척추동물은 대부분 턱이 자람에 따라 작은 이빨이 빠지고 큰 이빨이 대신 난다. 이빨 사이가 많이 벌어지지 않도록 이갈이는 한 개 걸러, 또는 두 개 걸러 진행된다. 턱은 평생 성장하기 때문에, 이 동물들은 대체로 여러 벌의 이빨을 가지고 있다. 하지만 포유류의 이갈이는 이와 다르다. 포유류의 이빨은 **이생치**(二生齒, diphyodonty)다. 앞니, 송곳니, 작은어금니는 대개 한 번만 교체되며 큰어금니는 교체되지 않는다. 큰어금니는 한 벌로 이루어졌으며, 턱이 자라면서 공간이 생김에 따라 앞에서 뒤로 새 이빨이 덧붙는다.

하지만 눈에 띄는 예외도 있다. 어떤 종은 젖니가 배아에서 퇴화하여 결코 나지 않거나―유대류는 작은어금니 하나만 젖니로 난다―나더라도 출생 전에 영구치로 바뀌거나(바다코끼리, 물범, 많은 설치류) 아예 영구치로 바뀌지 않는다(이빨고래). 이갈이 방법도 제각각이다. 대부분은 성치가 유치를 밑에서 밀어내지만, 코끼리나 매너티, 캥거루를 비롯한 일부 좋은 이갈이 패턴이 꽤 특이하다. 매우 느린 컨베이어 벨트처럼 어금니가 턱에서 앞으로 이동하여 새 이빨이 뒤에서 나며 옛 이빨은 앞으로 밀리다가 턱 앞쪽에서 빠진다.

하지만 왜 두 벌에 불과할까? 첫째, 포유류는 이빨이 그 이상 필요하지 않다. 포유류의 새끼는 어미의 젖을 먹고 금세 크기가 자라며 턱은 성체가 되면 성장이 멈춘다. 또한 닳거나 깨지거나 병든 이빨을 갈 수 있으면야 좋겠지만, 이빨을 무한정 갈고 턱이 무한정 자라면 저작을 위해 마주보는 이빨을 정확히 맞추기가 힘들어질 것이다. 사실 정확한 교합을 독자적으로 진화시킨 도마뱀도 이갈이 횟수가 적다. 이생치가 단궁류 진화에서 비교적 늦게 나타난 것이 놀라울지도 모르겠다. 아마도 일부 후기 키노돈트는 조상들보다 이갈이 횟수가 적고 이빨이 한두 개 걸러서 나기보다는 연속적으로 났을 테지만, 초기 포유류 중에도 현대적 패턴과 다르게 이갈이를 하는 종이 있었다. 원시 포유류 시노코노돈(Sinoconodon)은 전치를 여러 번 갈았으며 후치는 두 벌이었다. 턱은 평생 자랐다.

경구개. 또한 연구자들은 구강과 비강을 분리하는 경구개의 진화를 포유류 저작 체계의 진화와 연관 지었다. 사람의 긴 경구개는 음식물을 씹고 삼킬 때 숨이 막히지 않도록 공기와 음식물을 분리하려고 진화했는지도 모른다. 하지만 골구개에는 또다른 이점이 있다. 윗니를 떠받치는 두개골 부위를 튼튼하게 하고, 씹는 힘을 키우고, 빨기와 삼키기를 위해 입안을 진공으로 만들기 쉽고, 혀가 음식물을 다룰 단단한 판 역할을 한다(바나나를 으깬다고 생각해보라). 이 중요한 구조는 수궁류에서 적어도 두 번 진화했으며 키노돈트 진화를 통해 점점 발전했다.

법랑질막대의 등장. 아가마도마뱀을 제외하면 오늘날의 포유류만이 막대로 이뤄진 법랑질을 만든다. 어쨌든 아가마도마뱀은 독자적으로 법랑질막대를 진화시켰다. 막대는 이빨의 강도를 증가시켰는데, 이것이 중요한 이유는 포유류의 씹기 방식이 응력을 많이 발생시키기 때문이다. 막대 구조는 배치 방향을 엇갈리게 함으로써 마모를 통해 날카로운 모서리를 만드는 데도 유리하다(경도는 막대의 방향에 따라 달라진다). 일부 초기 단궁류에게는 법랑질 미세결정 불연속체(enamel crystallite discontinuity)로부터 형성된 기둥 모양 구조가 있었으나 이것은 진정한 막대가 아니었다. 오늘날의 막대 열을 분리하는 소주간물질(小柱間物質, interprismatic material)이 없었기 때문이다. 키노돈트는 한 종만이 진짜 막대를 가졌으며 일부 초기 포유류에게 막대가 있었으나 전부 그런 것은 아니었다. 그렇다면 막대가 일부 집단에서 사라진 것인지, 아니면 저마다 다른 초기 포유류에서 독자적으로 진화한 것인지 의문이 제기된다.

중생대 포유류

중생대 포유류는 정말로 공룡의 그림자에 가려진 작고 연약한 식충동물이었을까? 그렇다. 아마도 많은 종은 곤충을 잡아먹는 소형 동물이었을 것이며, 함께 살던 공룡이나 훗날 등장한 포유류처럼 지상을 지배하지는 못한 것이 분명하다. 하지만 우리는 지금 1억 6000만 년에 걸친 진화에 대해 이야기하고 있다. 일부 초기 포유류는 적어도 코커스패니얼만큼 컸으며 땅굴을 파는 종에서 땅 위를 달리는 종, 나무에 오르는 종, 반(半)수생으로 헤엄치는 종, 심지어 공중을 활강하는 종까지 다양했다. 일부는 속씨식물(꽃을 피우고 열매를 맺는 식물)의 부상과 확산에 발맞춰 초식동물이 되었다. 나머지는 육식이었다. 흥미롭게도 포유류의 위에서 공룡의 신체 일부가 발견되기도 했다!

포유류 역사의 첫 3분의 2는 매우 복잡하다. 중생대 포유류는 연속적이면서도 겹치는 덤불 모양 방산(放散)으로 진화했는데, 초기 집단의 후기 구성원과 후기 집단의 초기 구성원이 같은 퇴적층에 뒤섞여 있었다. 고생물학자들은 이 형태들에서 이빨이 어떻게 진화했는지 알아내느라 골머리를 썩이고 있다.

설상가상으로 화석 기록에는 빈틈이 있고 무관한 종들에게서 같은 형질이 독자적으로 나타난다. 하지만 연구자들은 꿋꿋이 혼돈에서 질서를 찾아내고 있으며 화석 기록은 포유류의 이빨 형태에 대한 자연의 초기 실험 사례를 많이 보여준다. 이 중에서 우리에게 가장 중요한 것은 삼두대구치(三頭大臼齒, tribosphenic molar)다. 화석들을 가장 원시적인 것에서 가장 발전한 것까지 나열하면 삼두대구치가 (적어도 북부 대륙에서) 어떻게 진화했는지 퍼즐을 짜맞출 수 있다.

삼두대구치. 최초의 포유류의 큰어금니는 직전 조상 키노돈트와 별로 다르지 않았다. 시노코노돈과 몇몇 포유류는 세 개의 주교두(主咬頭)가 앞뒤로 배열되었으며 큰 교두가 두 개의 작은 교두 사이에 끼어 있었다. 이 이빨을 **삼두치**(三頭齒, triconodont)라 한다. 씹기는 마주보는 치관이 가윗날처럼 서로 엇갈리면서 주로 수직으로 이루어졌으나, 움직임에는 약간의 수평 요소도 있었다. 이 기본 구성은 초기 포유류에게 충분히 유용했기에 일부 집단은 사소한 변화를 제외하면 중생대 내내 이 구성을 유지했다(그림 17 참조).

다른 포유류는 효율적 절단을 위해 앞뒤 교두가 일직선에서 빠져나와―윗니는 바깥쪽으로, 아랫니는 안쪽으로―마주보는 치열이 지그재그 패턴으로 날끼리 서로 맞물리는 삼각형을 이루었다. 이 이빨은 **대칭치**(對稱齒, symmetrodont)라 하

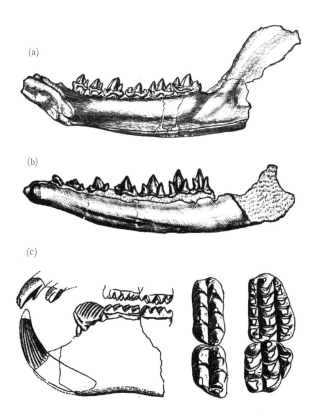

17. 중생대 포유류의 이빨. (a) 삼두치, (b) 대칭치, (c) 다구치

는데, 일찍부터 여러 차례 발달했다. 앞뒤 교두가 살짝 이동한 형태로 트라이아스기 후기에 처음 발견되었다. 중간 교두와의 각도가 90도 이상이기 때문에, 이런 이빨을 가진 종을 **둔각대칭치류**(obtuse-angled symmetrodontan)라 한다. 시간이 지나면서 앞뒤 교두가 일직선 바깥으로 더욱 회전하여 중간 교두와의 각도가 90도 이하로 줄었다. 이런 이빨을 가진 종을 **예각대칭치류**(acute-angled symmetrodontan)라 한다. 이것이 중요한 이유는 교두가 올바른 자리를 잡으면 아래큰어금니의 앞쪽 끝이 위큰어금니의 뒤쪽 끝과 맞물려 음식물을 자를 수 있도록 교두가 능선으로 연결될 수 있기 때문이다.

쥐라기 중후기의 포유류 이빨에서는 다음 단계의 발달이 관찰된다. 연구자들은 이 이빨들을 관찰하여 삼두대구치가 어떻게 진화했는지 자세히 밝혀냈다. 새로운 선반인 하악칼날발톱이 아래큰어금니 뒤쪽에 추가되었다. 이 선반에 교두가 두 개 생겼는데, 하악저부교두가 먼저 생기고 하악저교두가 그다음에 생겼다. 위큰어금니는 안쪽 가장자리에 설면결절이라는 법랑질 깃이 형성되면서 넓어졌다. 이것이 이후의 종에서 원교두가 된다(그림 2 참조).

(적어도 북부 대륙에서) 알려진 최초의 진정한 삼두대구치는 백악기 전기 아이기알로돈티드(aegialodontid)에서 발견된다. 이빨의 원래(앞쪽) 부위에 전단능선(剪斷稜線, shearing crest)이

있을 뿐 아니라, (으깨기와 갈기를 위해) 잘 발달된 하악칼날발톱 함몰부를 마주보는 뚜렷한 원교두가 보인다. 전단부(剪斷部, 자르는 부위)와 압궤부(壓潰部, 으깨는 부위)의 결합은 삼두대구치의 열쇠다. 온갖 종류의 성질을 가진 음식물을 분쇄할 근사한 다목적 연장이 생긴 것이다. 19세기 후반에 코프와 오스본이 발견했듯 오늘날 포유류의 다양한 이빨 형태가 진화한 것은 이 기본 형태에서다.

하지만 솔직히 말하자면 화석 기록은 그렇게 간단하지 않다. 시간이 지남에 따라 교두의 앞뒤에 새로운 교두가 추가되고, 새 교두가 일직선 바깥으로 회전하고, 그후에 판이 생기고, 묘사된 대로 교두가 추가되는 순서 정연한 과정은 찾아볼 수 없다. 겹치는 방산과 빈틈 때문에 파생 성질이 원시 성질보다 먼저 나타난 것처럼 보이기도 한다. 머리를 긁적이게 하는 화석도 있다. 이를테면 삼두대구치를 닮은 암본드로(*Ambondro*)의 큰어금니는 예상보다 훨씬 이른 쥐라기 중기에 엉뚱한 장소인 마다가스카르에서 발견되었다. 알려진 최초의 아이기알로돈티드는 백악기 들어서야 나타났으며 북반구에서 발견된다. 삼두치는 두 번 진화했을까? 이것이 현생 포유류의 대분류군으로 이어진 계통 분기에 시사하는 점이 있을까? 화석 기록이 개선되면 시간이 답해줄 것이다.

그 밖의 중생대 실험. 삼두대구치는 오늘날 포유류의 이빨이 진화하기 위한 필수적인 첫걸음이었지만, 으깨기와 갈기를 위한 중생대의 실험은 이것만이 아니었다. 초기 포유류가 새로운 식물 먹이가 있는 새로운 적응영역(adaptive zone)으로 방산하고 확산되었으니 그럴 만도 하다. 그렇다면 나머지 실험은 어땠을까? 몇몇은 매우 성공적이었으나, 대다수 초기 포유류 초식동물은 진화적으로 막다른 골목에 이르렀을 것이다. 인류를 비롯한 현생 종으로 진화하기에는 너무 전문화되었기 때문이다.

치관 앞뒤로 평행한 두세 줄의 교두가 난 어금니는 여러 동물에게서 공통으로 나타났다. 마주보는 이빨의 교두들은 교합 시에 서로 맞물렸다. 어떤 종은 턱을 거의 수직으로만 움직여 교두열 사이에 형성된 통로에서 음식물을 으깼다. 또 어떤 종은 턱을 앞뒤로 움직이며 아래턱과 위턱을 비벼 음식물을 갈거나 빻았다. 이런 유형의 이빨은 트라이아스기의 하라미이드(haramiyid)에서 처음 발견되며 시간이 지나면서 더 정교한 형태로 발전했다. 이를테면 쥐라기 중기의 도코돈트(docodont)는 교두열을 연결하는 능선과 마주보는 이빨 사이에서 음식물을 으깨는 커다란 판을 발달시켰다.

중생대 포유류의 마쇄치(磨碎齒, grinding tooth) 동물 중에서 가장 성공적이고 다양한 것은 의심할 여지 없이 쥐라기 중기에서 신생대 고제3기 중기까지 1억 년에 걸친 다구치류(多白齒類, multituberculate)이다(표 1 참조). 다구치류는 다양할 뿐 아니라 개체수도 많아서 전성기에는 전체 육상 동물의 절반가량을 차지했다. 다구치는 최대 여덟 개의 교두가 두세 줄을 이루었다. 그 밖에도 중생대 중기와 신생대 초기 사이에 또다른 마쇄치 실험이 있었다. 남반구의 곤드와나테리움(gondwanathere)은 큰어금니의 치관이 높고 법랑질이 두껍고 교두가 둥글었는데, 이는 질긴 음식물을 먹기 위해서였을 것이다. 인접한 줄의 교두 사이를 지나는 뚜렷한 능선과, 능선 사이의 깊은 도랑은 질긴 음식물을 빻기에 제격이었으리라.

포유류의 시대

많은 종에게 중생대는 끝이 좋지 않았다. 6500만 년 전을 갓 넘겼을 때 너비가 약 10킬로미터에 이르는 운석 하나가 멕시코만 유카탄반도에 떨어졌다. 모형에 따르면 초대형 쓰나미와 충격파로 인해 지진과 화산 분출이 잇따랐다. 충돌 잔해가 대기 중에 흩어져 세상을 적외선으로 적시고 지표면을 굽고 불폭풍을 점화하고 산소를 태우고 이산화탄소 농도를 높였다. 석고층이 충격을 받아 생긴 먼지구름과 화산 에어로졸이 여러 해 동안 햇빛을 막아 광합성을 방해하고 먹이 사슬을 무너뜨렸을 것이다. 이와 더불어 거의 비슷한 시기에 인도 데칸 습

곡에서 대규모 화산 활동이 일어나고 해수면 하락으로 지구의 반사율과 해류가 달라짐으로써 많은 생물은 힘든 시기를 겪었을 것이다.

대량 멸종이 순식간에 벌어졌다고 믿는 사람이 있는가 하면, 실제로는 그보다 앞서 백악기에 시작되었으며 백악기와 고제3기의 경계에서 일어난 사건들이 결정타가 되었다고 생각하는 사람도 있다. 어쨌든 우리는 여기 있고 공룡은 없다. 먼지가 가라앉기 시작하면서, 사라진 종들을 대신하여 온갖 신종이 진화했다. 고생물학자 켄 로즈(Ken Rose)에 따르면 약 85개의 새로운 포유류 과(科)가 신생대 첫 세(世)에 나타났다고 한다. 신종과 더불어 새로운 적응과 새로운 이빨이 등장했다.

신생대는 어마어마한 포유류 화석을 남겼다. 헤아릴 수 없는 종을 주제로 학술 논문 수만 편이 작성되었다. 이를 통해 우리는 현생 분류군의 기원과 진화를 추적하고 이들의 이빨이 어떻게 달라지고 다양해져 오늘날의 온갖 독특한 형태가 되었는지 추적할 수 있다. 또한 과거의 이빨 변이를 엿보고, 화석 기록에 거듭 나타나는 형질들을 보면서 진화용이성(evolvability)에 대해 실마리를 얻을 수도 있다. 마지막으로, 자연이 작은 배아 조직과 몇 가지 신호단백질로 무엇을 할 수 있는지—먹이 획득 및 처리 문제와 관련하여 오늘날 발현되지 않은 새로운 해결책—를 더 온전하게 상상할 수 있다. 이러한 가능성을 보여주는 핵심 사례가 몇 가지 있다(그림 18 참조).

오늘날 이빨 형태의 진화. 포유류의 세 가지 주요 분류군인 난생 단공류(가시두더지와 오리너구리), 유대류(캥거루, 주머니쥐 및 근연종), 태반류(그 밖의 포유류)의 중생대 조상은 기초적 삼두대구치나 이에 근접한 이빨에서 출발했다. 오늘날의 가시두더지와 성체 오리너구리는 이빨이 없지만, 어린 오리너구리는 이빨이 있다. 백악기와 신생대 전기 호주와 남아메리카의 원시 단공류 성체도 큰어금니가 있었으며 한 쌍의 평행한 능선이 혀에서 볼까지 치관을 가로질렀다. 이것은 포유류에 흔한 패턴으로, **이능선치**(二稜線齒, bilophodont)라 한다. 화석 오리너구리 오브두로돈(*Obdurodon*)도 이능선치가 있었으나 알려진 최초의 가시두더지는 이미 이빨이 사라지고 없었다. 이를 비롯한 화석 단공류의 큰어금니는 막연히 삼두대구치처럼 보이지만 사뭇 달랐다. 제 기능을 하는 하악칼날발톱 함몰부 등의 핵심 특징이 없었기에 기껏해야 **전삼두대구치**(前三頭大臼齒, pretribosphenic)라고 부를 수 있을 것이다.

이에 반해 유대류와 태반류의 공통 조상은 진짜 삼두대구치가 있었을 것이다. 그 조상은 신생대가 되기 훨씬 전부터 살고 있었다. 알려진 최초의 태반류와 유대류는 각각 쥐라기 중기와 백악기 전기에 등장했다. 둘 다 뚜렷한 개수와 유형의 이빨이 있었으며 서로 구별되고 후대의 형태와 연관되는 미묘

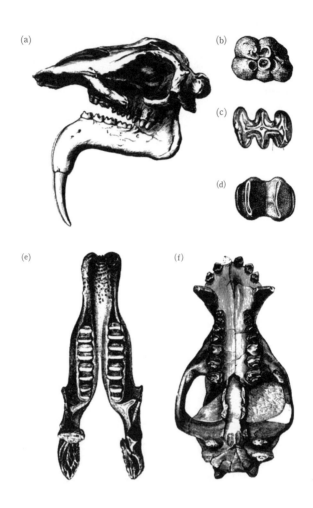

18. 신생대 화석 포유류의 두개골과 이빨. (a) 화석 코끼리(*Deinotherium*), (b) 속주류, (c) 왕아르마딜로를 닮은 글립토돈(*Glyptodon*), (d) 코뿔소웜뱃(*Diprotodon*), (e) 거대땅늘보(*Megatherium*), (f) 판토돈트(*Coryphodon*)

한 치관 특징이 있었다. 그럼에도 중생대 태반류와 유대류는 후대의 많은 포유류에서 발견되는 기초적 삼두대구치 패턴을 나타낸다. 우리는 화석 기록을 통해 오늘날의 유대류와 태반류 중 몇 목(目)을 추적하여 이 형태적 출발점까지 거슬러올라갈 수 있다. 또한 포유류의 과거 이빨과 현재 이빨을 비교하고 개별적 방산이 시간의 흐름에 따라 어떻게 달라졌는지 이해할 수 있다.

교훈은 아무런 규칙도 없다는 것이다. 주머니쥐와 땃쥐 같은 일부 포유류는 진화사 내내 거의 똑같은 이빨을 간직했다. 그런가 하면 극적으로 달라진 경우도 있다. 이를테면 원시 설치류는 단순한 삼두대구치가 있고 턱을 좌우로 움직이는 경향이 있었는데, 이는 고도로 전문화된 이빨을 주로 앞뒤로 움직이며 씹는 오늘날의 변이형과 뚜렷이 대조된다. 발굽 있는 포유류(유제류)의 조상들은 소박하고 뭉툭한 치관을 가진 반면에 오늘날의 유제류는 대부분 주름진 융선이 온갖 방향으로 나 있거나 날카로운 초승달 모양 능선의 줄이 깊은 골로 갈라진 더 정교한 어금니를 가졌다. 사실 많은 화석 종은 후손의 이빨이 가진 뚜렷한 특징을 가지지 않았다. 코끼리는 오늘날과 달리 단순한 이능선치에서 출발했으며 초기 토끼에게는 평생 자라는 어금니가 없었다.

반대 방향으로 나아간 분류군도 있었다. 녀석들의 이빨은 작아지거나 단순해졌다. 아예 이빨을 잃은 것도 있었다. 최초의 땅돼지는 (오늘날에는 없는) 전치가 있었으며 최초의 아르마딜로는 (역시 오늘날에는 없는) 치아 법랑질이 있었다. 초기 이빨고래는 이형치아였으며—오늘날에는 대부분 전치와 후치가 둘 다 말뚝 모양이다—초기 참고래(great whale)는 수염고래가 처음 나타날 때까지 이빨이 있었다. 심지어 삼두대구치 치관의 변화를 거슬러올라가면 팔라이아노돈트(palaeanodont)의 말뚝처럼 생긴 작은 이빨에 이르는데, 많은 사람은 이 분류군이 오늘날 이빨 없는 천산갑의 초기 근연종이라고 생각한다.

과거의 변이. 일부 포유류 목(目)은 오늘날 어느 때보다 많은 변이를 나타내는 듯하다. 이를테면 대부분의 화석 박쥐는 능선이 기본적 W꼴 패턴을 이루는 삼두대구치가 있었다(그림 3 참조). 과일과 화밀을 먹는 오늘날의 박쥐처럼 전문화된 어금니를 가진 것은 거의 없었다. 영장류와 날원숭이 같은 그 밖의 목은 과거에도—적어도 지난 수백만 년간—오늘날과 거의 비슷한 변이를 나타냈다.

하지만 과거에 더 많은 변이를 나타낸 동물도 있다. 화석 유대류의 이빨 변이는 신생대 전기부터 오늘날에 필적했다(특히 남아메리카에서). 송곳니 모양의 뾰족한 앞니와 나이프처럼 생긴 날카로운 어금니를 가진 주머니사자(marsupial lion), 먹이를 토막 내는 거대한 이능선치를 가진 3톤짜리 코뿔소윔뱃 같은 제4기 화석 종까지 감안하면 오늘날의 변이는 초라해 보인다. 화석 나무늘보와 아르마딜로도 마찬가지다. 오늘날은 말뚝처럼 생긴 작은 이빨을 가졌지만 과거에는 그렇지 않았다. 개 크기에 뿔이 난 신생대 중기 아르마딜로는 뾰족한 세모꼴 어금니를 가졌는데, 이걸로 고기나 질긴 식물을 잘랐을 것이다. 역시 아르마딜로의 근연종인 2톤짜리 제4기 글립토돈의 어금니는 앞뒤로 이어진 긴 능선이 좌우로 이어진 능선 세 개로 분리되었는데 모두가 매우 단단한 상아질로 이루어졌다. 아마도 풀을 뜯는 용도였을 것이다. 이보다 훨씬 큰 제4기 거대땅늘보는 날카로운 능선이 있는 커다란 이능선 큰어금니로 잎 등을 뜯어먹었을 것이다. (특히 초기의) 화석 바위너구리도 빼놓을 수 없다. 바위너구리는 토끼만한 크기로, 오늘날은 극소수만 남았으며 이빨들이 꽤 비슷하지만, 과거에는 훨씬 다양했다. 크기가 1000킬로그램까지 나가는가 하면 이빨 형태도 납작한 어금니 모양에서 초승달처럼 생긴 능선이 있는 것까지 무척 다양했다(그림 19 참조).

공통점. 화석 기록에서는 서로 무관한 분류군에서 거듭거듭 진화한 이빨 형태를 찾아볼 수 있다. V꼴 능선을 가진 삼두대구치(시옷형), W꼴 능선을 가진 삼두대구치(쌍시옷형), 둥글납작한 능선을 가진 삼두대구치(방형) 등의 흔한 변이형을 떠올

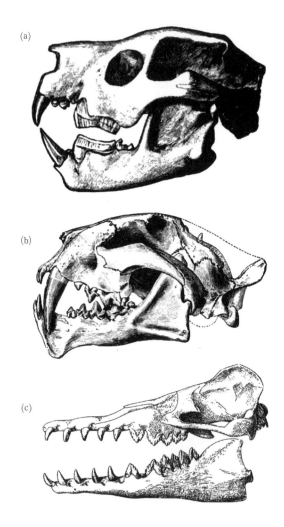

19. 그 밖의 신생대 화석 포유류의 두개골과 이빨. (a) 주머니사자(*Thylacoleo*), (b) 의사 검치호랑이(*Dinictis*), (c) 원시 고래(*Basilosaurus*)

려보라(29쪽 그림 3). 각 형태는 몇 번이고 되풀이하여 발견된다. 이능선치도 매우 흔하여 일부 화석 단공류와 유대류, 코끼리, 바다소, 말, 나무늘보, 영장류, 초기 남아메리카 유제류에게서 찾아볼 수 있다. 초승달 모양 능선이 있는 큰어금니 **반월치**(半月齒, selenodont. 고대 그리스 신화에 나오는 달의 여신 셀레네Selene의 이름을 땄다)는 오늘날의 낙타와 반추동물, 바위너구리에게서는 찾아볼 수 없지만, 과거 남아메리카 유제류에게서는 매우 흔했다. 거대 코알라와 반지꼬리주머니쥐(ringtail possum)는 말할 것도 없다. 스펙트럼의 반대쪽 끝에서는 날이 날카로운 열육치가 남아메리카의 멸종 유대류 포식자(스파라소돈트sparassodont)와 태반류 육식동물—둘 다 현생종 후손이 없는 육치류(肉齒類, creodont)—그리고 오늘날 개와 고양이의 조상에게서 발견된다.

이빨 진화의 공통된 형태는 입 뒤쪽에 국한되지 않는다. 오늘날 주머니여우(brushtail possum), 쥐캥거루, 베통(bettong)의 긴 톱니 아래 **작은어금니**(plagiaulacoid)는 과거에 더 흔했으며, 다구치류와 플레시아다피스류(plesiadapiform. 영장류와 밀접한 관련이 있는 고제3기 포유류 목)에서 진화했다. 입안에서 좀 더 앞으로 가면 사브르 모양 송곳니가 참검치호랑이와 의사검치호랑이에서 고양이 닮은 유대류에 이르기까지 여러 육식 포유류에서 나타났다. 그런가 하면 신생대 전기 북아메리카의 대형 초식동물 중 일부도 사브르처럼 생긴 위송곳니가 있었다. 신생대 전기 유럽과 북아메리카에 서식한 수수께끼의 포유류 아파토테리움(apatotherian)은 땃쥐의 이빨처럼 생긴 숟가락 모양 앞니를 가졌다. 법랑질이 얇거나 전혀 없으며 스스로 연마되는 끌 모양 전치도 거듭거듭 나타난다. 화석 설치류와 토끼에게서 발견될 뿐 아니라 남아메리카 화석 유대류와 유제류, 유치류(紐齒類, taeniodont. 신생대 전기 북아메리카에서 뿌리만 먹고 땅을 파던 동물), 바위너구리, 심지어 거대 제4기 아이아이(aye-aye. 신기하게 생긴 영장류)에게도 있었다. 다른 집단은 오늘날 소와 양처럼 전치가 없어졌다. 남북아메리카의 여러 화석 유제류가 이에 해당한다.

진화의 변칙. 화석 기록에서는 오늘날 존재하지 않는 독특한 이빨도 찾아볼 수 있다. 단공류 성체의 이빨이 대표적이며 주머니사자의 날카롭고 거대한 어금니도 마찬가지다. 오랫동안 생존한 호주의 화석 포섬 엑토포돈티드(ektopodontid)는 우리 기준으로 볼 때 정말로 괴상한 큰어금니를 가졌다. 최대 아홉 개의 교두가 나란히 두 줄로 났는데, 마치 다구치가 90도 회전한 것 같았다. 신생대 후기 남북아메리카의 왕아르마딜로와 근연종은 잎 모양의 상아질 치관이 있었는데, 가장 가까운 현생종 친척의 말뚝 모양 이빨보다 훨씬 복잡하다. 신생대 중기에 나타난 양서 수생 포유류인 속주류(束柱類, desmostylian)

는 앞을 바라보는 송곳니와 앞니엄니(incisor tusk)를 가졌으며 법랑질 기둥으로 이루어진 큰어금니 치관은 원통형 벌집처럼 한데 모여 있었다. 이런 이빨은 오늘날 어떤 동물에게서도 찾아볼 수 없다.

제 6 장

현생 포유류의
이빨

포유강은 놀랍도록 성공적이고 다양한 강(綱)이다. 주머니 속의 가장 작은 동전보다 가벼운 키티돼지코박쥐(bumblebee bat)에서 보잉 747 항공기만큼 무거운 대왕고래에 이르기까지 포유류는 기막히게 다양한 서식처에서 굴을 파고 헤엄치고 기고 뛰고 달리고 기어오르고 활강하고 난다. 포유류의 서식처는 북극 툰드라에서 남극 총빙까지, 깊은 바닷속에서 높은 산꼭대기까지, 광활한 사막에서 빽빽한 우림까지 다양하다. 어떤 녀석은 초식동물이어서 풀을 먹거나 다른 식물 부위를 뜯는다. 균류를 먹는 녀석도 있다. 어떤 것은 육식인데, 먹잇감은 미세 플랑크톤에서 지구상에서 가장 큰 동물에 이르기까지 다양하다. 입맛이 까다로워서 몇 가지 먹이에만 집중

하는 녀석이 있는가 하면 입에 넣을 수 있는 것이면 거의 무엇이든 먹는 녀석도 있다.

이 놀라운 다양성의 비결은 무엇일까? '이빨'이라는 생각이 들었다면, 제대로 짚었다. 비결은 몸속에서 체온을 유지하는 능력인 내온성(內溫性, endothermy)이다. 이것은 단순한 온혈이 아니라, 음식물에서 열을 발생시킨다는 뜻이다. 톰 켐프는 이렇게 썼다. "포유류의 삶에서 가장 근본적인 것은 내온성의 생리 현상이다." 포유류는 추운 기후에서도, 온도가 들쭉날쭉한 지역에서도 살 수 있으며 춥고 어두운 밤에도 활동할 수 있다. 내온성은 몸의 화학 반응을 더 정교하게 조절할 수 있는 조건이 되기에 더 복잡한 체계를 발달시킬 수 있다. 또한 오래 지속되는 활동성과 빠른 이동 속도 덕에 넓은 영역과 먼 이동 거리를 주파할 수 있으며, 먹이를 찾고 포식자를 피하고 새끼를 돌볼 체력을 가질 수 있다. 뇌처럼 에너지에 굶주린 조직을 더 오랫동안 성장·발달시킬 수도 있다. 내온성이 없으면 포유류는 포유류일 수 없다.

하지만 내온성은 값이 싸지 않다. 몸의 난로를 계속 지피려면 에너지가 많이 필요한데, 기온이나 수온이 낮을수록 더 많이 필요하다. 휴식중의 포유류는 주위 환경에서 열을 흡수하는 비슷한 크기의 변온동물(ectotherm)에 비해 5~10배의 연료를 소비한다. 격렬한 활동을 할 때는 이 비율이 10~15배에 이르기도 한다. 포유류는 음식물에서 최대한의 열량을 짜내야 한다. 여기서 이빨의 진가가 드러난다. 이빨은 식물의 세포벽과 곤충의 외골격 같은 보호용 덮개를 찢어 (이빨이 없었다면) 소화되지 않은 채 장을 통과했을 영양소를 흡수한다. 또한 음식물을 잘게 부숴 소화효소가 작용할 표면적을 늘린다. 표면적이 넓으면 에너지를 더 많이 끌어낼 수 있다. 이빨이 없어도 이렇게 할 수 있을까? 물론이다. 조류는 근육질 모래주머니에 들어 있는 작은 돌 위석으로 먹이를 간다. 악어 같은 파충류, 물범, 바다사자, 가시도치 같은 포유류처럼 이빨 난 동물 중에도 위에 돌이 들어 있는 것이 있다. 하지만 이빨은 분명히 먹이 분쇄를 위한 포유류의 해결책이다. 이빨 없이 살아가는 몇몇 포유류가 있긴 하지만 이빨은 개별 종에 대해서나 강(綱) 전체에 대해서나 포유류 정체성의 뗄 수 없는 일부다.

　자연은 포유류가 내온성에 필요한 에너지를 얻을 수 있도록 이빨에 (말 그대로 또한 비유적으로) 거센 압박을 가한다. 하지만 내온성은 먹이의 선택지가 더 다양해진다는 뜻이기도 하다. 더 많은 장소에서 살아가고 먹이를 찾을 수 있기 때문이다. 또한 탄수화물, 단백질, 지방을 모두 연료로 쓸 수 있기에 어디서나 먹이를 발견할 수 있다. 포유류의 다양성과 포유류 이빨의 다양성은 에너지 수요, 생물권 뷔페의 다양한 차림, 고도로 진화 가능한 이빨에 따르는 먹이의 다양화라는 측면에서 이해할 수 있다.

하지만 오늘날 포유류의 이빨 다양성을 살펴보기 전에 5000종 이상의 동물을 분류할 방법이 필요하다(표 2 참조). 나는 돈 윌슨(Don Wilson)과 디앤 리더(DeeAnn Reeder)의 『세계 포유류 종Mammal Species of the World』에서 쓴 분류법과 유전적 유사성에 기초한 최근의 유연관계 연구를 접목했다. 포유류는 원수아강(Protheria), 유대하강(Marsupialia), 태반하강(Placentalia)의 세 가지 주요 분류군으로 나뉜다. 원수류는 난생 단공류인 오리너구리, 가시두더지다. 오늘날의 원수류는 이빨이 없기 때문에―적어도 성체의 경우는―여기서는 완전히 배제해도 무방하다. 이에 반해 유대류와 태반류는 들여다볼 것이 많다.

유대류

유대류는 캥거루와 코알라만 있는 게 아니다. 수백 종이 있으며 일곱 목으로 분류된다. 아메리카 대륙에 세 목, 호주와 남태평양 섬들에 네 목이 서식한다. 유대류는 매우 다양한 서식처에서 땅을 파고 걷고 뛰고 활강한다. 식성에 따라서는 식육동물, 식충동물, 식균류동물, 그리고 먹이를 가리지 않는 것에서 풀, 열매, 잎, 뿌리, 덩이줄기, 화밀과 꽃가루를 편식하는

아강/하강	상목	목	일반명
원수아강		단공목	오리너구리, 가시두더지
유대하강		주머니쥐목	주머니쥐
		새도둑주머니쥐목	새도둑주머니쥐
		칠레주머니쥐목	칠레주머니쥐
		주머니두더지목	주머니두더지
		반디쿠트목	반디쿠트, 빌비
		주머니고양이목	태즈메이니아주머니너구리, 주머니고양이, 두나트, 주머니개미핥기
		캥거루목	캥거루, 왈라비, 포섬, 코알라, 웜뱃
태반하강	빈치상목	피갑목	아르마딜로
		유모목	나무늘보, 개미핥기
	아프로테리아상목	아프리카땃쥐목	금빛두더지, 텐렉
		도약땃쥐목	도약땃쥐
		관치목	땅돼지
		바위너구리목	바위너구리
		장비목	코끼리
		바다소목	듀공, 매너티

아강/하강	상목	목	일반명
	로라시아상목	경우제목	고래, 발가락이 짝수인 유제류(반추동물, 낙타, 하마, 돼지, 페커리돼지)
		기제목	발가락이 홀수인 유제류 (말, 맥, 코뿔소)
		박쥐목	박쥐
		식육목	고양이, 사향고양이, 하이에나, 몽구스 및 근연종, 곰, 개, 족제비 및 근연종, 물범, 바다코끼리
		유린목	천산갑
		진정식충목	고슴도치, 털고슴도치, 땃쥐, 두더지, 대롱니쥐
영장상목		나무두더지목	나무두더지
		날원숭이목	날원숭이
		영장목	영장류
		토끼목	멧토끼, 토끼, 우는토끼
		쥐목	설치류

자세한 내용은 Wilson and Reeder, *Mammal Species of the World: A Taxonomic and Geographic Reference*(3판)과 Ungar, *Mammal Teeth: Origin, Evolution, and Diversity* 참조

표2. 현생 포유류의 분류

다양한 초식동물이 있다. 이빨도 이에 걸맞게 다양하다. 고생물학자 마이크 아처(Mike Archer) 말마따나 주머니가 부러울 만도 하다! 유대하강은 매혹적이고 다채로운 분류군으로, 말뚝을 닮은 단순한 전치와 삼두 후치로 자연이 무엇을 만들 수 있는지 보여주는 훌륭한 예다.

전통적으로 유대류는 말뚝을 닮은 작은 앞니 네댓 개와 입의 네 사분역에 송곳니가 하나씩 있는 다전치류(多前齒類, polyprotodont)와 전치 개수가 적고 뒤턱과 (특히) 아래턱에서 커다란 이빨 한 쌍이 튀어나온 이전치류(二前齒類, diprotodont)로 나뉜다(그림 20 참조). 주머니쥐와 태즈메이니아주머니너구리 같은 아메리카와 호주의 대다수 육식동물은 다전치류인 반면에 아메리카의 새도둑주머니쥐와 호주의 초식동물(캥거루와 코알라)은 이전치류로 불렸다. 하지만 이것은 자연적 분류군이 아니다. 호주의 초식동물은 사실 새도둑주머니쥐보다는 상당수 다전치류와 더 가까운 관계다. 실제로 새도둑주머니쥐와 캥거루의 아래앞니는 같은 조상 이빨 유형에서 진화하지도 않았으며, 각각 원시적인 두번째 앞니와 세번째 앞니에서 수렴진화했다.

게다가 유대류 이빨의 다양성은 크고 작은 앞니에 머물지 않는다. 어금니는 여러 면에서 태반류에 버금갈 만큼 무척 다채롭다. 이것이 특히 인상적인 이유는 종 수가 태반류의 15분

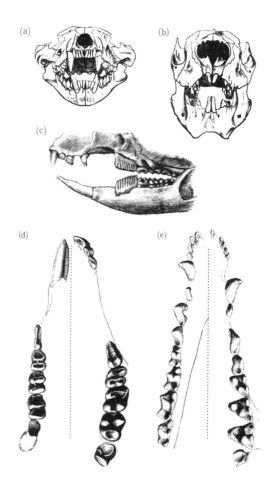

20. 유대류의 이빨. (a) 다전치류(태즈메이니아주머니너구리), (b) 이전치류(코알라),
    (c) 사향쥐캥거루(musky rat kangaroo) 측면도(아래작은어금니에 유의할 것),
    (d) 캥거루의 아랫니(왼쪽)와 윗니(오른쪽), (e) 주머니쥐의 아랫니(왼쪽)와 윗니
    (오른쪽)

의 1밖에 안 되기 때문이다. 또한 우리는 "원시 포유류 큰어금니에 시간과 생태적 기회가 주어졌을 때 어떤 일이 일어날까?"라는 질문에 자연이 일관된 답을 내놓는다는 사실을 알 수 있다. 주머니두더지는 태반류인 금빛두더지와 비슷하게 높은 선반에 Λ꼴 능선이 돋은 뾰족한 시옷형 큰어금니를 가졌다. 두 포유류 모두 곤충과 땅속 무척추동물을 즐겨 먹는다. 더 잡식성에 가까운 주머니쥐는 태반류인 데스만(desman), 땃쥐, 나무두더지, 대다수 박쥐와 마찬가지로 선반에 Λ꼴 능선이 두 개 있는—W를 닮은—쌍시옷형 큰어금니를 가졌다. 육식성인 태즈메이니아주머니너구리와 주머니고양이는 개와 고양이처럼—위치는 다르지만—날카롭고 톱니가 있는 열육성 어금니가 있다.

스펙트럼의 반대쪽 끝으로 가서, 나뭇잎을 먹는 코알라와 반지꼬리주머니쥐는 낙타와 소처럼 큰어금니에 초승달 모양 능선이 있는 반월치다. 웜뱃은 흙파는쥐(pocket gopher)의 작은어금니와 매우 비슷하게 법랑질 8자 고리가 끊임없이 자라 질긴 식물을 갈기에 알맞다. 캥거루의 큰어금니는 교두가 두 줄인 이능선치인데, 이는 맥과 일부 영장류 및 설치류와 다르지 않다. 캥거루로 말하자면, 코끼리나 매너티와 마찬가지로 어금니가 뒤에서 앞으로 컨베이어 벨트처럼 수평으로 교체되는 종이 여럿이다. 피그미바위왈라비(pygmy rock wallaby)가

특히 인상적인데, 녀석은 평생에 걸쳐 각 사분역에서 큰어금니가 최대 아홉 개까지 날 수 있다.

유대류의 이빨은 이따금 독특하게 적응하기도 한다. 흰개미를 먹는 주머니개미핥기는 입안에 작은 이빨이 52개까지 날 수 있는데, 그중에는 중생대 전기 포유류의 원시 삼두치 어금니와 무척 닮은 협설단 작은어금니도 있다. 일부 포섬과 쥐캥거루는 톱날이 있는 작은어금니를 이용하여 짚, 견과, 딱정벌레처럼 질기거나 딱딱한 먹이를 처리한다. 이 이빨은 화석 다구치류와 플레시아다피스류를 꼭 닮았다. 이에 반해 꿀주머니쥐(honey possum)는 이빨이 작은 말뚝으로 쪼그라들었지만, 억센 돌기가 있는 혀로 꽃에서 화밀과 꽃가루를 핥는 등 섭식면에서 흥미롭게 적응했다.

태반류

태반류는 더더욱 인상적이다. 태반류는 열여덟 목(目)에 퍼져 있으며 유전학적 특징에 따라 네 상목으로 나뉘는데, 두 상목은 남반구에서 처음 나타났고(빈치상목과 아프로테리아상목) 두 상목은 북반구 대륙에서 처음 나타났다(로라시아상목과 영장상목). 각 상목은 종 수와 이빨 적응의 다양성이 천차만별이기에 종 다양성, 식이, 이빨의 관계에 대한 저마다 다른 교훈을 얻을 수 있다.

빈치상목. 빈치상목에는 나무늘보, 아르마딜로, 개미핥기가 있으며 태반포유류 종의 1퍼센트에도 미치지 못한다. 대부분은 남아메리카와 중앙아메리카에 서식하지만, 우리 대학이 있는 아칸소 북서부의 오자크산맥에도 아르마딜로가 있다. 땅속에서 나무 위에 이르는 서식처 범위는 다른 태반류 상목에 비하면 좁은 편이며 이빨 변이도 평범하다. 하지만 소박한 이빨에 비해 식이의 다양성은 놀랄 만하다. 녀석들은 일부 포유류가 정교한 이빨 연장 없이도 세상에서 잘 살아갈 수 있음을 가르쳐준다(그림 21 참조).

개미핥기는 곤충을 먹으며 이빨이 하나도 없지만, 길고 가는 주둥이와 혀가 있으며 커다란 발톱으로 개미집과 흰개미집을 부순다. 아르마딜로도 곤충을 즐겨 먹지만, 종에 따라서는 그 밖의 동식물도 먹는다. 나무늘보는 나뭇잎을 주로 먹는다. 아르마딜로와 나무늘보는 대체로 뚜렷한 전치가 없으며 어금니는 말뚝처럼 생긴 단근치(單根齒)다(하지만 치관은 마모되어 비스듬하거나 끌 모양의 표면이 될 수 있다). 이 이빨은 계속 자라며 성체에는 법랑질이 없지만, 종종 무기질 함량이 높고 경화된 상아질 바깥층이 있으며 백악질로 덮인 경우도 있다.

아프로테리아상목. 아프로테리아상목은 태반포유류 종의 2퍼

(a)

(b)

(c)

21. 빈치류의 이빨. (a) 아르마딜로, (b) 두발가락나무늘보(two-toed sloth), (c) 세발
가락나무늘보(three-toed sloth)

센트 미만을 차지하지만, 종 수에 비해 생태적 다양성이 크며 그에 걸맞게 이빨도 다채롭다. 아프로테리아상목은 작고 땃쥐를 닮았으며 몸무게가 5그램밖에 안 나가는 텐렉에서 10톤이 넘는 코끼리까지 다양하다. 대다수 종은 아프리카에 서식하지만, 바위너구리와 코끼리는 아시아에서도 발견되며 바다소목(매너티와 듀공)은 대서양과 인도 · 태평양의 열대 바다, 남북아메리카와 아프리카의 강에 산다. 서식처는 지하에서 지상과 나무 위, 민물에서 바다까지 다양하다. 식이도 가지각색이다. 금빛두더지, 텐렉, 땅돼지, 도약땃쥐는 모두 곤충을 주로 잡아먹는다. 이에 반해 바위너구리, 코끼리, 듀공, 매너티는 초식동물이다. 풀을 좋아하는 것도 있고 나무, 덤불, 광엽초본(廣葉草本)을 좋아하는 것도 있다. 식이가 탄력적인 잡식성도 있다.

그렇다면 이빨은 어떨까? 땅돼지와 매너티처럼 전치가 없는 것도 있지만, 금빛두더지와 일부 텐렉, 도약땃쥐 등은 원시 태반류와 똑같이 각 사분역에 앞니 세 개와 송곳니 한 개가 있다(그림 22 참조). 전치는 도약땃쥐의 단순한 말뚝 모양 구조에서 바위너구리의 끌(또는 삽) 모양 앞니와 듀공의 엄니까지 다양하다. 코끼리, 특히 아프리카코끼리 수컷의 엄니는 무엇보다 인상적이다. 엄니는 위턱의 두번째 앞니가 변형된 것으로, 길이가 3.5미터 가까이 된다. 얇은 법랑질 층은 나자마자 금방 마모되어 표면에는 상아질만 남는다(이것이 상아다). 코끼리

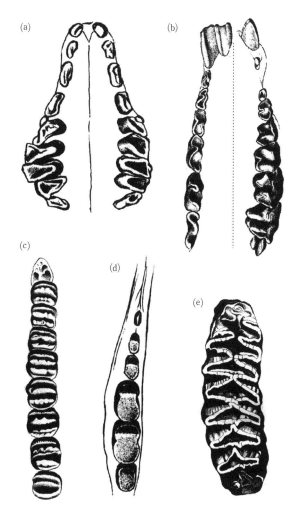

22. 아프로테리아상목의 이빨. (a) 텐렉(윗니), (b) 바위너구리의 아랫니(왼쪽)와 윗니
(오른쪽), (c) 매너티(아랫니), (d) 땅돼지(아랫니), (e) 코끼리(아랫니)

상아는 단면이 독특한데, 치수강에서 나선형으로 뻗어 나온 선들이 교차하면서 바둑판무늬를 이룬다. 이에 반해 매너티는 성체의 전치가 (우리 손톱처럼 케라틴으로 만들어진) 덩어리이빨(dental pad)로 바뀌었다. 덩어리이빨은 바다풀을 끊고 식물을 붙잡는 데 안성맞춤이다.

아프로테리아상목의 어금니도 종류가 다양하다. 땅돼지와 듀공은 단순한 말뚝 모양이고 금빛두더지와 일부 텐렉은 시옷형이며 쌍시옷형인 텐렉도 있다. 도약땃쥐와 바위너구리는 어금니가 네모난 **사각치**(四角齒, quadrate)이며, 바위너구리는 종종 초승달 모양 반월치 능선이 각 교두의 앞뒤로 나 있다. 매너티의 어금니는 주로 이능선치이며, 교두가 대개 한 줄에 세 개씩 두 줄로 나 있다. 코끼리는 복잡한 **빨래판형**(loxodont) 치관을 가졌는데, 약 5~29개의 평행한 융선이나 판이 치관을 가로질러 협설 방향으로 나 있다. 코끼리와 매너티의 어금니는 캥거루처럼 수평으로 이갈이를 한다. 매너티의 경우 어금니가 한 달에 약 1밀리미터씩 앞으로 나와 평생에 걸쳐 각 사분역에서 30개가 빠진다.

로라시아상목. 로라시아상목은 자연이 작고 원시적인 식충동물에서 출발하여 어떤 위업을 이룰 수 있는지 보여주는 궁극적 사례다. 고래에서 돼지, 낙타, 소, 말, 코뿔소, 개와 고양이, 두더지와 땃쥐, 박쥐, 천산갑에 이르기까지 2200여 종의 현생종으로 이루어졌다. 여기에는 하늘을 나는 박쥐 중 몸무게 1.7그램의 가장 작은 녀석에서 바다를 헤엄치는 고래 중 몸무게 1억 7000만 그램의 가장 큰 녀석에 이르기까지 지구상에서 가장 보수적인 동물과 가장 전문화된 동물이 포함된다. 로라시아상목은 북으로 북극해와 남으로 남극 총빙까지, 또한 그 사이의 대부분 지역에 퍼져 있다. 녀석들의 서식처는 헤아릴 수 없을 정도다. 공중과 나무 위에서, 땅 위와 아래에서, 민물과 바다에서 로라시아상목을 찾아볼 수 있다. 식이의 다양성은 포유류 중에서 독보적이다. 극단적 편식을 하는 동물도 있고 아무거나 잘 먹는 동물도 있다. 일부는 엄격한 초식주의자로, 초본이나 목본 또는 둘 다를 먹는다. 균류나 화밀을 먹는 것도 있다. 육식동물은 동물성 플랑크톤에서 대왕고래에 이르기까지 거의 모든 크기와 형태의 동물을 먹잇감으로 삼는다.

식이와 더불어 이빨 형태를 비롯한 섭식 적응도 놀라울 만큼 다양해졌다(그림 23, 24 참조). 이를테면 땃쥐는 가늘고 구부러진 집게 모양 앞니로 작은 먹잇감을 잡아 움켜쥔다. 대롱니쥐(solenodon. 땃쥐를 닮았으며 땅을 파는 포유류로, 쿠바와 히스파니올라에 서식한다)는 크고 날카로운 두번째 아래앞니가 주름진 법랑질로 덮여 약간 벌어진 빨대 모양을 하고 있는데, 이곳으로 작은 동물에게 독액을 주입한다. 비쿠나(vicunas. 라마

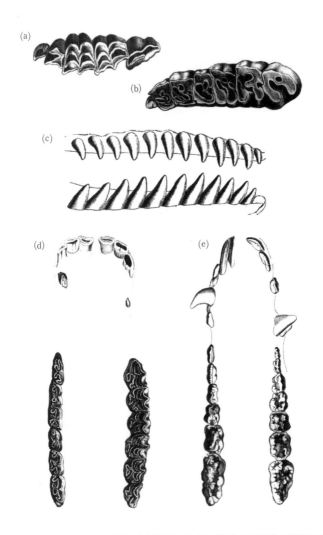

23. 로라시아상목의 이빨. (a) 낙타(윗니), (b) 코뿔소(윗니), (c) 범고래, (d) 말의 아랫
니(왼쪽)와 윗니(오른쪽), (e) 돼지의 아랫니(왼쪽)와 윗니(오른쪽)

를 닮은 동물로, 안데스산맥 고지대에 서식한다)는 설치류와 토끼처럼 계속 자라는 끌 모양 앞니로 지면 가까이에 있는 작은 광엽초본과 풀을 뜯어먹는다. 하지만 대서양과 북극해 북부에 서식하는 일각돌고래의 앞니엄니에 비길 만한 것은 아무것도 없다. 엄니는 수컷에게 흔하다(모든 수컷에게 있는 것은 아니다).

대개 왼쪽 위앞니 하나만 엄니가 되는데, 길이가 최대 3미터에 이른다. 일각돌고래의 엄니는 법랑질 대신 백악질로 덮였으며 일각수의 뿔처럼 나선형 홈이 파여 있다. 여기에 수백만 개의 신경종말이 있어서 수온, 압력, 화학 조성의 변화를 감지한다.

송곳니엄니도 로라시아상목에게 흔하다. 사슴을 닮은 몇몇 종과 돼지가 이에 해당한다. 대체로 수컷의 엄니가 더 크며 주로 과시와 싸움에 쓴다. 하마와 바다코끼리의 송곳니는 길이가 1미터를 넘기도 한다. 바비루사(babirusa. 돼지를 닮았으며 인도네시아에 서식한다)는 길고 구부러진 아래위 송곳니엄니가 있는데, 위엄니도 위로 자라 뒤로 아치를 이룬다. 늙은 개체는 위엄니가 구부러져 이마에 닿는다.

이뿐만이 아니다. 흰어깨부리고래(strap-toothed whale)는 리본 모양의 길고 가는 엄니 한 쌍이 아래턱에서 자라 주둥이를 감싸서 입을 거의 벌릴 수 없지만 별미인 오징어를 먹는 데는 지장이 없다. 엄니가 으레 그렇듯 이 엄니도 과시와 싸움에 쓴다.

스펙트럼의 반대쪽 끝에는 낙타와 반추동물이 있는데, 녀석들은 위 전치가 케라틴 판으로 대체되었다. 아래앞니를 이 덩어리이빨에 대고 씹어 적절한 압력을 가함으로써 풀의 무르고 연한 잎몸과 식물의 영양가 많은 부분을 뽑아내고 질기고 질 낮은 줄기를 버린다.

로라시아상목은 어금니도 놀랄 만큼 다양하다. 시옷형의 솔레노돈, 쌍시옷형의 박쥐, 땃쥐, 두더지 등 일부 종은 보수적이어서 기본적 삼두대구치 형태를 간직한다. 고슴도치는 사각치 큰어금니를 가졌고 맥은 이능선치다. 돼지와 하마는 대체로 주교두가 네 개인 뭉툭한 이빨을 가졌지만, 치관 표면에 종종 주름이 지고 **소교두**(cuspule)라는 작은 교두가 최대 서른 개까지 복잡하게 돋아 있다. 개와 고양이의 날카로운 열육치처럼 많이 변형된 어금니도 있다. 윗니의 마지막 작은어금니와 아랫니의 첫 큰어금니는 전후로(anteroposteriorly) 세워진 날카로운 날이 이빨 가운데서 만난다. 아랫니의 V꼴 날은 윗니의 Λ꼴 날과 맞물려 음식물이 잘리면서 밖으로 밀려 나가지 않도록 한다. 낙타, 사슴, 기린, 소는 모두 큰어금니가 반월치다. 대부분은 앞에 두 개, 뒤에 두 개 있는 교두마다 초승달 모양 능선이 앞뒤로 나 있다. 이 교두들은 금세 닳아 법랑질과 상아질이 만나는 부분에서 날카로운 모서리들이 평행하게 늘어서는 데, 이것으로 질긴 식물을 자른다. 코뿔소와 말은 법랑질 테두리가 빽빽하게 배치되고 정교하게 접혀, 날카로운 능선이 마모되면서 치관 여기저기에서 꼬인 모양을 이룬다. 말은 이 능선의 전체 길이가 이빨 둘레의 네 배가 된다. 이 표면은 질긴 식물을 갈기에 제격이다.

이에 반해 일부 바다사자와 물범의 원뿔형 구조나 많은 이빨고래의 말뚝 모양 구조처럼 단순화된 이빨도 있다. 돌고래는 입안에 이빨이 최대 260개 들어 있다. 일부 물범은 교두가 유별나게 발달했는데, 단검 모양 삼지창이나 괴상한 갈고리 구조를 닮은 어금니를 체 삼아 크릴새우를 걸러낸다(그림 24 참조). 이에 반해 천산갑은 이빨을 전부 잃었지만, 개미핥기와 마찬가지로 긴 주둥이와 끈끈한 혀를 발달시켜 개미와 흰개미를 잡는다. 참고래도 이빨을 잃었으나 세모꼴 고래수염판(baleen plate)이 구개 양쪽에 빗처럼 평행하게 줄지어 매달려 있다. 고래수염판에 난 솔 같은 센털은 서로 맞닿아 자동차나 주택의 공기 필터처럼 생긴 커다란 매트를 이루는데, 이것으로 작은 물고기, 크릴새우, 플랑크톤을 가둔다. 이 케라틴 구조는 이빨과 아무 관계가 없지만 (다윈 말마따나) 고래의 '가장 기이한 특징' 중 하나다.

로라시아상목에서는 근연종의 이빨이 식이로 인해 달라지는 경우도 많다. 과일을 먹는 박쥐는 곤충을 먹는 박쥐보다 어금니가 뭉툭하며 화밀을 먹는 박쥐는 이빨이 작고 단순하다. 흡혈박쥐는 매우 전문화되어 있어서, 크고 뾰족한 송곳니와 위앞니로 먹잇감에 구멍을 뚫지만 어금니는 부쩍 쪼그라들었다. 식육목을 보자면, 살코기 전문가 치타의 길고 날카로운 열육치는 초식성 판다의 뭉툭하고 둥글납작한 교두나 뼈를 으깨는 하이에나의 강하고 두꺼운 법랑질 치관과 대조된다. 과(科) 안에서는 더 미묘한 차이가 발견된다. 초본초식 영양은 많이 씹어야 하고 마모도가 큰 식이를 하기 때문에 목본초식 영양에 비해 어금니의 치관이 높은 경향이 있다. 큰어금니 표면에서 자르는 부위와 으깨는 부위의 비율은 포사(fossa. 고양이를 닮은 동물로, 마다가스카르가 원산지다) 사이에서, 또한 신세계잎코박쥐(New World leaf-nosed bat), 몽구스, 곰, 족제비의 종들 사이에서 차이를 보이는데, 모두가 식이의 미묘한 차이에서 비롯한다.

영장상목. 마지막 상목인 영장상목은 종이 가장 풍부하다. 설치류, 토끼류, 나무두더지류, 날원숭이류, 영장류 등 전체 포유류 중의 60퍼센트가량이 여기에 속한다. 영장상목, 특히 설치류는 분포 범위가 넓으며 북극에서 아남극, 땅속에서 우듬지, 수생 환경에서 사막에 이르기까지 엄청나게 다양한 서식처에서 발견된다. 그렇긴 하지만 식이의 다양성은 로라시아상목에 미치지 못한다. 대부분은 소형 초식동물이지만, 일부

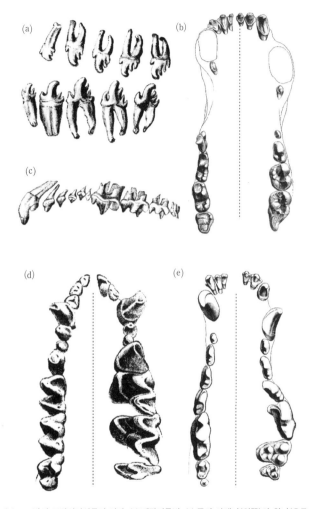

24. 그 밖의 로라시아상목의 이빨. (a) 게잡이물범, (b) 곰의 아랫니(왼쪽)와 윗니(오른쪽), (c) 땃쥐(윗니), (d) 박쥐의 아랫니(왼쪽)와 윗니(오른쪽), (e) 늑대의 아랫니(왼쪽)와 윗니(오른쪽)

는 곤충과 무척추동물, 또는 소형 척추동물을 잡아먹는다. 입맛이 까다로운 종이 있는가 하면, 적응력이 뛰어난 기회주의자도 있어서 계절과 상황에 따라 온갖 식물과 소형 동물을 먹는다.

이빨의 다양성도 북부 대륙의 나머지 태반류에 비해 작다(그림 25 참조). 하지만 다른 관점에서 보자면, 몇 가지 부위의 미묘한 변화만으로 얼마나 큰 성공을 거뒀는지 생각해보라. 설치류만 해도 2000종이 넘지만 대부분은 끌 모양의 단순한 앞니와 (법랑질 테두리가 접힌) 납작한 어금니를 가졌다. 하지만 영장상목의 이빨에도 다소 흥미로운 차이가 있다. 나무두더지류는 전치가 작고 단순하고 뾰족한 반면에 설치류와 토끼류는 웜뱃과 비쿠냐처럼 커다란 앞니가 계속 자라고 스스로 연마된다. 실제로 스스로 연마되는 앞니는 설치류와 토끼류를 아우르는 분류군인 설치동물대목(大目, grand order Glires)에 빗대어 글리리포름(gliriform)이라 한다. 이 이빨은 안쪽 표면에 법랑질이 없기 때문에 마모되면서 가장자리가 끌처럼 날카로워진다. 하지만 가장 특이한 전치를 가진 영장상목은 날원숭이다. 녀석은 작은 빗처럼 살이 최대 스무 개 나 있다. 어떤 영장류는 길고 얇은 앞니와 송곳니를 빗 삼아 동료에게 털 고르기를 해주는 반면에 어떤 영장류는 넓은 삽 모양 앞니로 과일 껍질을 벗긴다. 아이아이는 화석 선조를 빼닮은

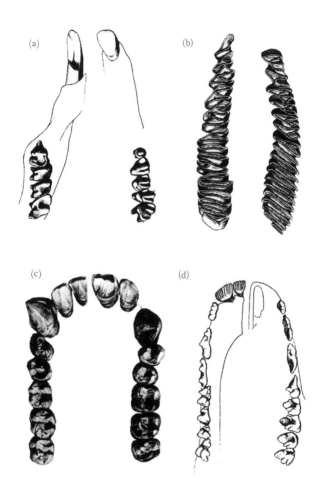

25. 영장상목의 이빨. (a) 마멋, (b) 캐피바라, (c) 침팬지, (d) 날원숭이. 각 그림에서 왼쪽은 아랫니, 오른쪽은 윗니입니다.

글리리포름 앞니를 가졌다.

치열의 나머지를 살펴보자면, 나무두더지와 날원숭이는 원시적인 쌍시옷형 큰어금니를 가졌으며, 영장류는 대개 사각치이지만 이따금 교두가 3~5개인 이능선치도 있다. 많은 토끼류와 설치류는 치관이 법랑질 테두리에 표면이 단순한 반면에 다른 동물은 법랑질 띠가 정교하게 접혀 있다. 이 띠는 볼과 혀 쪽에서 안쪽으로 밀려 들어가며 어떤 경우에는 한가운데에서 만나 코끼리 이빨처럼 횡으로 판을 이루기도 한다. 치관은 짧은 것에서 긴 것, 계속 자라는 것(영구고관치)까지 다양하다.

영장상목 어금니는 식이와 관련하여 미묘한 차이를 나타내기도 한다. 질긴 식물을 먹는 설치류는 그러지 않는 설치류보다 교합면이 더 복잡한 경향이 있다. 캐피바라가 가장 흥미로운데, 세번째 큰어금니가 이례적으로 길며 평행한 판이 윗니에 9~10개, 아랫니에 6개 있다. 영장류의 어금니도 식이에 따라 다르다. 나뭇잎을 먹는 영장류와 곤충을 잡아먹는 영장류는 과일을 먹는 영장류보다 전단능선이 길다. 그럼에도 영장상목은 분포 범위가 매우 넓고 종이 다양한 것에 비해 이빨 다양성이 크다고 주장하기는 힘들다. 빠른 번식 속도, 짧은 세대 시간, 지리적 확산, (특히 설치류의) 다양한 서식처를 감안하면 이빨 형태가 유난히 많이 방산했으리라 생각할 만도 하다.

하지만 그런 현상은 찾아볼 수 없다. 어쩌면 계속 자라고 스스로 연마되는 앞니와 법랑질 및 상아질 띠가 있는 납작한 어금니는 매우 다양한 종류의 먹이를 처리하는 좋은 방법인지도 모르겠다.

반복되는 형태와 독특한 해법

내가 보기에 포유류의 이빨에서 가장 특이한 것은 일부 형태가 서로 무관한 종에게서 거듭거듭 나타난다는 것이다. 자연은 먹이 섭취와 처리라는 기본적 과제에 대해 똑같은 해법을 내놓고 또 내놓는다. 포유류 이빨은 수렴진화의 가장 근사한 예다. 이 예를 통해 우리는 형태와 기능의 관계에 대해, 또한 이빨 형태를 부호화하는 유전자가 어떻게 변화하고 스스로를 표현하는지에 대한 통찰을 얻을 수 있다. 다시 말하지만, 글리리포름 앞니는 웜뱃, 비쿠냐, 설치류, 아이아이처럼 다양한 집단에서 발견된다. 시옷형과 쌍시옷형처럼 더 원시적인 삼두대구치 형태가 반복적으로 나타나는 것은 놀랍지 않을지도 모른다. 하지만 코알라와 소의 반월치, 코끼리와 캐피바라의 빨래판형 이빨, 웜뱃과 흙파는쥐의 계속 자라는 8자 어금니 치관은 어떻게 설명할까?

스펙트럼의 반대쪽 끝에서는 진화 과정에서 단순한 원뿔형

이빨로 퇴화하거나 아예 이빨을 모두 잃은 종도 있다. 꿀주머니쥐, 땅돼지, 아르마딜로, 나무늘보, 바다코끼리, 듀공, 돌고래는 모두 말뚝 모양의 단순한 동형치아를 가졌다. 법랑질 모자는 있는 것도 있고 없는 것도 있다. 하지만 어떤 것은 얇은 법랑질 층으로 시작되어 이가 나자마자 금방 닳기도 한다. 가시두더지, 개미핥기, 천산갑은 진화를 거치면서 이빨을 모두 잃었으나, 길고 가는 주둥이와 길고 끈끈한 혀로 군집성 개미와 흰개미를 핥아먹는다.

더 독특하면서도 이에 못지않게 흥미로운 이빨 형태도 있다. 대롱니쥐의 독액 주사기, 일각돌고래의 일각수 모양 감각기 엄니, 날원숭이의 빗 모양 전치를 생각해보라. 흡혈박쥐는 앞니와 위 송곳니가 크고 뾰족하며, 어금니는 작지만 가장자리가 쐐기 모양이고 뒤쪽이 톱날 형태다. 게잡이물범은 긴 갈고리 모양 엽상 어금니가 교합시에 맞물려 체처럼 크릴새우를 걸러낸다. 하마의 큰어금니도 교두가 독특한데, 각기 세 개의 엽(葉)이 있어서 법랑질 테두리가 있는 곳까지 마모되어 세잎클로버 모양이 된다. 정교하게 꼬인 법랑질 띠가 치관을 감싼 말의 어금니와 작은 교두가 수십 개에 이르는 혹멧돼지(warthog)의 긴 첫째 큰어금니도 잊을 수 없다.

제 7 장

인간 이빨의
역사

입을 벌리고 거울을 들여다보라. 별것 없지 않은가? 여러분의 이빨은 소나 말, 개, 고양이의 화려한 이빨에 비하면 작고 납작하고 볼품없다. 설상가상으로 충치도 있고 몇 개는 비뚤게 나거나 아예 나지 않았다. 해마다 수많은 사람들이 충전, 크라운, 사랑니 발치, 교정기를 경험한다. 치과 질환과 교정장애(orthodontic disorder)가 이렇게 널리 퍼진 종은 인간뿐이다. 왜 이런 차이가 날까? 답은 인류의 진화사에 뿌리를 둔다.

사람족의 화석 기록

유전학을 공부하면 인간을 가장 가까운 현생 근연종인 침팬지와 연결하는 선이 적어도 700~800만 년 전인 신제3기에 갈라졌음을 알 수 있다. 갈라진 선에서 우리 쪽에 있는 모든 종을—우리의 조상이든 진화적 곁가지든—**사람족**(hominin) 이라 한다.

사람족 화석을 어떻게 종으로 나눠야 하는지, 이들이 어떤 관계인지에 대해 고인류학자들의 의견이 일치하는 것은 아니지만, 네 가지 기본 집단으로 나눌 수 있다는 것에는 대체로 동의한다(그림 26 참조). 첫번째 집단은 600~700만 년 전에서 440만 년 전으로 거슬러올라가는 (많은 사람들이 생각하기에) 최초의 사람족이다. 차드에서 발견된 **사헬란트로푸스**(*Sahelanthropus*), 케냐에서 발견된 **오로린**(*Orrorin*), 에티오피아에서 발견된 **아르디피테쿠스**(*Ardipithecus*)가 이에 해당한다. 이들을 줄여서 **아르디피트**(ardipith)라 부르기도 한다. 두번째 집단은 약 420만 년 전에서 200만 년 전 사이에 살았던 **오스트랄로피테쿠스속**(*Australopithecus*)이다. 이 사람족은 차드, 아프리카 동부, 남아프리카공화국에서 발견되었다. 오스트랄로피테쿠스 종은 '가냘픈 오스트랄로피트(gracile australopith)'라고 불리기도 하는데, 이는 세번째 집단인 **파란트로푸스**(*Paranthropus*)에 비해 두개골과 턱이 가늘기 때문이다. '억센 오스트랄로피트(robust australopith)'인 파란트로푸스 종은 아프리카 동부와 남아프리카공화국에서 발견되었으며 약 270만 년 전에서 120

만 년 전 사이로 거슬러올라간다. 우리가 속한 네번째 집단 **사람속**(*Homo*)의 (알려진) 최초의 화석은 약 240만 년 전에 등장한다. 초기 사람속도 아프리카 동부와 아프리카 남부에서 살았으며, 그러다 약 180만 년 전에 아시아로 퍼졌고 훨씬 이후에 전세계로 확산되었다. 인류의 가계도는 Y자로 볼 수 있는데, 기본 가지의 첫번째 집단과 두번째 집단이 인류로 이어지고 세번째 집단과 네번째 집단은 사바나가 아프리카 동부와 남부에 퍼지던 시기의 진화적 갈림길을 나타낸다. 억센 오스트랄로피트는 곁가지로, 사람속 진화사의 전반부에 나란히 살았던 특수한 사람족 집단이다.

최초의 사람족 이빨은 어떻게 생겼을까? 그리고 시간이 지나면서 어떻게 변해 유인원 이빨과 달라졌을까? 이것은 고인류학자라면 누구나 품고 있는 의문이다. 특히 이빨은 인체의 어느 부위보다 개수가 많기 때문이다.

이빨 크기. 우리 이빨을 침팬지 이빨과 비교할 때 가장 먼저 눈에 띄는 것은 송곳니다. 유인원은 송곳니가 길고 뾰족하며 뒤쪽 가장자리가 맞은편 작은어금니의 앞쪽 끝을 향해 날이 서 있다. 이것은 수컷에게서 두드러지는데, 수컷은 암컷보다 송곳니가 크다. 이를 **성적이형성**(性的二形性, sexual dimorphism)이라 한다. 찰스 다윈은 송곳니 크기의 성별 차이가 짝짓기 경쟁을 위한 수컷의 위협 과시와 싸움에서 진화했

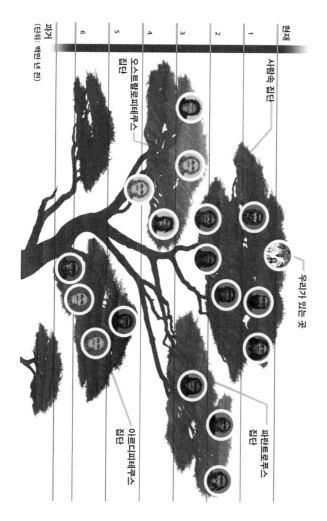

현재

1 ─── 사람속 집단

2

3

4 ─── 오스트랄로피테쿠스
집단

5

6

과거
(단위: 백만 년 전)

우리가 있는 곳

파란트로푸스
집단

아르디피테쿠스
집단

26. 인류의 계통수. 스미스소니언 협회 웹사이트, http://humanorigins.si.edu/
evidence/human-family-tree에서 각 종을 확인할 수 있다

다고 추측했다. 인간은 남녀의 차이가 작으며 송곳니가 날이 서 있지 않고 짧다. 이것은 인류 진화 과정에서 사회 구조가 달라졌으며 짝짓기 경쟁에서 서로를 물지 않게 되었음을 보여주는지도 모른다.

아르디피트 송곳니는 침팬지 암컷과 비슷하며 대다수 현생 유인원보다는 작다. 마찬가지로 수컷과 암컷의 차이가 적으며 날이 서 있지 않다. 송곳니가 우리보다 크긴 하지만, 앞의 사실로부터 크기 변화와 맞은편 이빨과의 접촉, 성별 차이 등이 인류 계통과 침팬지 계통의 분기 직후에 일어났음을 분명히 알 수 있다. 사람족 송곳니는 오스트랄로피테쿠스에서 더 작아졌으며 파란트로푸스와 사람속에 이르러서는 우리와 기본적으로 같아져 앞나 뒤쪽 이빨 뒤로 거의 튀어나오지 않았다.

화석 사람족은 어금니 크기도 서로 다르고 현생 유인원과도 다르다. 어금니 크기는 음식물의 에너지 산출량과 관계가 있었다. 질 낮은 음식물을 먹으면 몸이 더 많은 음식물을 필요로 하기 때문에 저작면이 커진다는 것이다. 이를테면 나뭇잎을 먹는 고릴라의 어금니가 과일을 먹는 침팬지보다 큰 이유를 이로써 설명할 수 있을지도 모른다.

아르디피트의 후치는 침팬지보다 약간 크며 오스트랄로피테쿠스의 후치는 더욱 크다. 파란트로푸스는 사람족 중에서

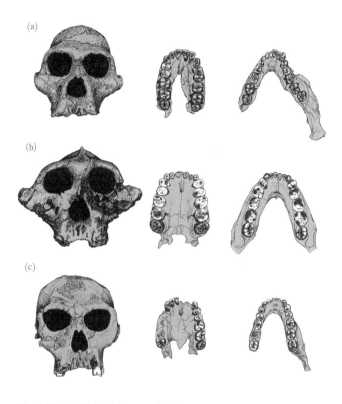

27. 사람족의 두개골과 이빨. (a) 오스트랄로피테쿠스, (b) 파란트로푸스, (c) 초기 사람속

후치가 가장 커서, 큰어금니의 교합면이 우리의 다섯 배나 된다. 최초의 사람속도 큰어금니가 꽤 컸지만, 그후로 종에서 종으로 진화하면서 점차 작아졌다. 이렇듯 큰어금니는 사람족 진화의 전반부에는 커지다가 그후로는 작아졌다. 언뜻 보기에 이는 사람족 진화의 전반부에 음식물의 질이 낮아졌다가—적어도 저작면이 커야 했다가—사람속 진화를 거치면서 높아졌음을 시사한다. 아마도 음식을 준비하고 (궁극적으로는) 요리하는 데 도구를 쓴 것이 커다란 저작면의 필요성 감소에 한몫했을 것이다.

하지만 우리 조상들의 이빨은 왜 줄어들었을까? 클수록 좋은 것 아닌가? 생체역학 연구자 댄 리버먼(Dan Lieberman) 연구진의 실험에 따르면 동물의 턱은 많이 쓸수록 커진다. 또한 우리는 이빨 크기와 턱 길이가 대응한다는 사실을 안다. 턱이 너무 작으면 부정교합과 매복 사랑니가 생길 수 있는데, 둘 다 심각한 문제를 일으킬 수 있다. 따라서, 생물인류학자 제임스 캘캐그노(James Calcagno)와 캐슬린 깁슨(Kathleen Gibson)이 주장하듯 씹기를 덜 하게 되면서 그에 맞게 턱이 약해지고 이빨이 작아졌는지도 모른다(그림 27 참조).

이빨의 형태. 이빨이 날카롭고 능선이 길면 나뭇잎이나 고기 같은 질긴 음식물을 효율적으로 자를 수 있는 반면에, 이빨이 뭉툭하고 (연약한) 능선이 없으면 큰 힘을 받아도 부서지지 않기 때문에 견과나 뿌리 같은 딱딱한 음식물을 부술 수 있다. 이따금 질긴 나뭇잎과 줄기를 먹고 사는 고릴라의 큰어금니가 침팬지보다 더 뾰족하고 능선이 긴 것은 이 때문이다. 딱딱한 음식물을 먹는 원숭이의 큰어금니가 과일이나 나뭇잎을 먹는 근연종보다 평평한 것도 같은 이유에서다.

모든 사람족은 (적어도 고릴라와 비교하면) 이빨이 평평하다. 파란트로푸스의 어금니는 같은 마모 단계의 오스트랄로피테쿠스 치관보다 평평하며 오스트랄로피테쿠스의 치관은 침팬지의 치관보다 평평하다. 가냘픈 오스트랄로피트와 (특히) 억센 오스트랄로피트의 이빨은 많이 써도 부서지지 않았음에 틀림없다. 흥미롭게도 초기 사람속의 이빨은 선조인 오스트랄로피트와 동시대인인 오스트랄로피트보다 약간 날카롭다. 이 덕분에 고기 같은 질긴 음식물을 더 효율적으로 자를 수 있었을 것이다. 실제로 초기 사람속 화석이 발견된 장소에서는 도축 흔적이 뚜렷한 동물 뼈가 함께 발견된다. 논란의 여지가 없는 증거는 약 250만 년 전으로 거슬러올라가며 약 200만 년 전 이후로는 자른 흔적이 있는 뼈가 대량으로 발견된다.

이빨의 구조. 침팬지의 이빨은 우리와 다르게 구성되어 있다. 침팬지의 이빨은 법랑질이 얇게 덮인 반면에 우리의 이빨은 더 두껍다(적어도 아래 상아질의 양에 비해서는). 혹자는 우리 조상이 나무에서 내려와 마모도가 큰 음식물, 특히 많이 씹어야 하는 음식물을 먹으면서 이빨 수명을 늘리기 위해 두꺼운 법랑질이 진화했다고 주장한다. 이에 반해 (리처드 케이가 지적하듯) 현생 대형유인원 중에서 가장 지상 가까이 서식하는 고릴라와 침팬지는 수상생활(樹上生活)을 하는 오랑우탄보다 실제로 법랑질이 얇다. 그렇다면 두꺼워진 법랑질은 이빨을 단단하게 함으로써 견과나 뿌리 같은 딱딱한 음식물을 분쇄할 때 이빨이 부서지지 않게 하려고 진화했을 것이다.

아르디피트는 법랑질 두께가 이빨과 종마다 다양한 반면에, 법랑질 모자는 침팬지와 고릴라보다 두껍고 후기 사람족보다는 얇은 경향이 있다. 아르디피트가 두꺼운 법랑질을 진화시키기 시작한 걸까? 그럴지도 모르지만, 일본의 고인류학자 스와 겐(諏訪 元)의 연구진이 지적하듯 중간 두께가 원시 상태이고 인간과 그 밖의 아프리카 유인원이 서로 반대 방향으로 진화했을 가능성도 있다. 어느 쪽이든, 오스트랄로피테쿠스와 (특히) 파란트로푸스의 이빨은 두꺼운 법랑질이 있다. 사람속 이빨은 법랑질 두께가 다양하며, 초기 사람속은 동일한 매장층의 억센 오스트랄로피트보다 얇다. 오늘날 인간은 법랑질이 꽤 두껍지만, 발달생물학자 타니아 스미스(Tanya Smith)가 주장하듯 이것은 상대적인지도 모른다. 법랑질이 많다기보다는 상아질이 적기 때문일 수 있다는 것이다.

솔직히 말하자면 법랑질 두께는 애매한 형질이며 해석하기 힘들다. 법랑질 모자의 두께는 측정 방법과 위치에 따라 달라지며, 종 내에서 그리고 종과 종 사이에서, 심지어 개체의 이빨 내에서도 다르다. 더 중요한 사실은 사람족의 법랑질 두께와 식이 사이에 직접적 관계가 전혀 없는 듯하다는 것이다. 마모에 대한 강도와 저항력은 치관의 법랑질 분포, 법랑질의 현미경적 구조, 화학 조성에 따라 달라진다. 두께도 고려해야 한다. 사실 전략적 위치에 얇은 법랑질을 진화시키면 마모를 통해 표면을 깎아 질긴 음식물을 자를 수 있는 날카로운 가장자리를 만들 수 있다.

음식 발자국. 지금까지 사람족 진화의 전반부를 통해 이빨이 점차 단단해진 과정을 그려보았다. 이는 씹기의 증가에, 특히 더 단단해진 음식물을 먹기에 알맞은 변화였다. 약 250만 년 전 아프리카 동부와 남부로 사바나가 퍼져나가면서 진화의 길에서 뚜렷한 분기점이 생겼다. 많이 씹기 위한 적응은 파란트로푸스에게서는 계속되었지만 사람속에게서는 중단되었다. 아마도 우리의 사람속 조상이 고기를 비롯한 질 좋은 식이를 누렸거나 연장과 (궁극적으로는) 불, 또는 둘 다를 통해 입 밖에서 음식물을 처리했기 때문일 것이다.

하지만 이빨의 크기와 형태, 구조에서 알 수 있는 것은 동물이 무엇을 먹을 수 있는가이지, 실제로 매일같이 무엇을 먹고 있는가는 아님에 유의해야 한다. 현실에서는 형태와 기능의 관계가 훨씬 복잡하다. 이를테면 아프리카망가베이원숭이(African mangabey monkey)도 두꺼운 치아 법랑질, 평평한 이빨, 강인한 턱을 가졌다. 영장류학자 스콧 맥그로(Scott McGraw)와 조애나 램버트(Joanna Lambert)는 수십 년간 영장류를 연구했다(스콧은 코트디부아르의 타이국립공원에서, 조애나는 우간다의 키발레국립공원에서). 타이 망가베이원숭이의 주식은 숲바닥에서 찾아낸 호두 크기의 매우 딱딱한 사코글로티스속(*Sacoglottis*) 견과다. 여기까지는 좋다. 하지만 키발레 망가베이원숭이는 이빨이 덜 전문화된 다른 원숭이처럼 연한 과일을 좋아한다. 그렇긴 하지만 좋아하는 먹이가 없으면 나무껍질과 씨앗 같은 딱딱한 먹이도 먹는다. 녀석의 전문화된 이빨은 좋아하는 먹이가 희귀한 힘든 시기에 더 많은 선택지와 이점을 누리게 해준다. 또다른 예는 나의 연구에서 찾을 수 있다. 인도네시아 구눙레우스르국립공원에 서식하는 오랑우탄은 같은 곳에 있는 유인원과 원숭이에 비해 법랑질이 얇다. 녀석들은 모두 커다란 매마등속(*Gnetum*) 열매를 먹는데, 이것은 익으면서 단단해진다. 하지만 오랑우탄은 공원의 다른 영장류들이 포기한 지 오랜 뒤에도 단단한 열매를 먹을 수 있다. 이것은 두꺼운 법랑질 덕이다.

그렇다면 적응이 먹이 선호를 반영하는지, 대비책을 반영하는지, 다른 무언가를 반영하는지 어떻게 알 수 있을까? 이때

활용되는 것이 음식 발자국이다. 앞에서 설명했듯 이빨에 들어 있는 탄소와 그 밖의 원소는 동물이 이빨 형성 시기에 어떤 음식물을 먹었느냐에 따라 결정되며, 이빨의 현미경적 사용흔과 구멍은 씹는 동안 음식물이 법랑질에 눌리거나 쓸려 생긴 것이다. 이런 증거는 과거에 살았던 동물의 식이를 알려주는 중요한 단서다.

식물이 빛을 이용하여 이산화탄소와 물을 탄수화물과 산소로 변환하는 방법이 저마다 다르기에 탄소 유형(동위원소)의 비율이 다르다는 사실을 떠올려보라(우리에게 필요한 동위원소는 ^{12}C와 ^{13}C다). 대부분의 열대 풀(C_4 식물이라고 부른다)은 나무와 떨기나무(C_3 식물)에 비해 ^{13}C 대 ^{12}C 비가 크다. 이 동위원소 비는 식물을 먹는 동물에게 전달된다. 열대 풀을 먹는 동물의 이빨 법랑질은 나무와 떨기나무의 부위를 먹는 동물에 비해 ^{13}C 대 ^{12}C 비가 크다. 초기 사람족의 탄소 동위원소 비는 종마다 다르다. 아르디피테쿠스는 비가 낮은데, 이는 C_3 식물을 주로 먹었음을 시사한다. 전세계에 퍼져 살았던 오스트랄로피테쿠스는 C_3 식물을 먹는 종, C_4 식물을 먹는 종, 둘 다 먹는 종의 동위원소 비가 각각 달랐다. 파란트로푸스도 C_4 식물을 먹는 종부터 더 다양한 식이를 하는 종까지 다양하다. 마지막으로, 초기 사람속은 사람마다 동위원소 비가 제각각인데, 이는 두 식물 유형을 비롯하여 폭넓은 식이를 했음을 시사한다.

현미경적 이빨 마모(미세마모)가 마주보는 이빨의 상호작용, 그리고 이빨과 음식물 내 마찰 성분의 상호작용에 따라 달라진다는 것도 떠올려보라. 딱딱한 음식물을 먹으면 큰어금니에 커다란 미세마모가 생기는 반면에 질긴 음식물을 먹으면 흠집이 더 많이 생기며, 잡식하면 둘 다 생긴다. 사람족의 미세마모 패턴도 종마다 다르다. 아르디피테쿠스는 흠집이 듬성듬성한데, 이는 과육과 잎 같은 무른—또는 더 질긴—음식물을 먹었음을 시사한다. 오스트랄로피테쿠스도 듬성듬성한 흠집이 대부분이지만, 종마다 차이가 있다. 파란트로푸스의 한 종은 앞선 사람족처럼 듬성듬성한 흠집이 있지만 또다른 종은 사람마다 편차가 있어서 일부는 커다란 구멍이 나 있다. 후자는 키발레 망가베이원숭이의 패턴인데, 녀석은 딱딱한 먹이에 의존하지만 무른 과일을 얻을 수만 있다면 이것을 더 좋아한다. 초기 사람속, 특히 약 190만 년 전에 출현한 **호모 에렉투스**(*Homo erectus*)도 미세마모가 다양하지만, 일부 파란트로푸스의 극단적 구멍은 없었다(그림 28 참조).

이 모든 증거를 조합하면 몇 가지 패턴이 드러난다. 첫째, 아르디피테쿠스는 과일과 나뭇잎으로 이루어진 숲 특유의 식이를 했던 것으로 보인다. 가냘픈 오스트랄로피트와 억센 오스트랄로피트 종은 이빨이 더 튼튼했으며 다른 식이를 실험

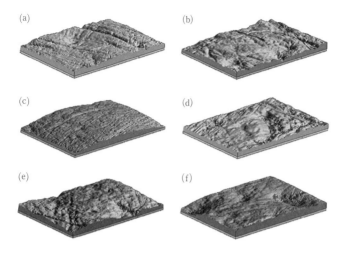

28. 오스트랄로피테쿠스(A, B), 파란트로푸스(C, D), 초기 사람속(E, F)의 이빨 미세
마모. 각 사진의 면적은 0.1×0.14mm.

했다. 일부는 편식증이 전혀 없어서 사바나와 숲 두 곳의 다양한 음식물을 먹었으나—대부분 무르거나 질긴 음식물이었다—적어도 한 종의 파란트로푸스는 견과나 뿌리 같은 딱딱한 음식물도 먹었다. 편식을 하는 종은 주로 풀의 무르거나 질긴 부위를 먹었다. 사람속 종은 시간이 흐르면서 작고 약한 이빨을 발달시켰지만, 탄소 동위원소와 미세마모 증거로 보건대 다양한 식이를 했다.

진화치과학

몇몇 사람족 화석에서는 오늘날 원숭이나 유인원처럼 충치나 치주질환의 증거를 찾아볼 수 있으나, 우리 조상들에게 이런 질환이 만연한 것은 최근 들어서다. 부정교합이나 매복 치아 같은 교정 문제도 먼 과거에는 드물었다. 치과 질병과 교정 장애가 오늘날 이토록 널리 퍼진 것은 왜일까? 치과고병리학자(dental paleopathologist)들은 이 질문을 진화적 관점에서 들여다본다. 그들은 한편으로는 이빨과 턱의 부정합, 다른 한편으로는 이빨과 식이의 부정합을 원인으로 본다. 사실 우리의 식이는 이빨과 턱이 따라잡지 못할 만큼 빨리 변하고 있다. 이 때문에 (적어도 적절한 구강 관리나 치과 치료를 받지 못하는 불운한 사람들에게는) 자연선택이 작용한다.

충치. 치태 세균은 탄수화물을 분해하면서 부산물로 산을 배출한다. 이빨 표면의 피에이치(pH)가 낮아지면 무기질이 유실되고 최종적으로 충치가 생기거나 법랑질과 상아질이 점차 삭는다. 미국 청소년의 약 90퍼센트가 충치를 앓는 반면에 초기 사람족의 이빨에는 충치가 거의 없었다. 초기 현생 인류에게도 충치는 별로 없었다. 추산에 따라서는 석기 시대 수렵·채집인의 2퍼센트만이 충치가 있었다고 한다. 오늘날의 수렵·채집인도 충치 비율이 낮지만, 몇 가지 예외가 있다. 이를테면 선사 시대에 살았던 텍사스 남부와 멕시코 북부의 저지 페이코스 수렵·채집인은 치과 질환을 지독하게 앓았는데, 이것은 탄수화물이 풍부한 야생 식이가 (충치를 일으키는) 치태 세균에 양분을 제공했기 때문일 것이다(그림 29 참조).

신석기 혁명—농업의 발명과 확산—이 일어나고 인류가 곡물을 재배하기 시작하면서 탄수화물 섭취량이 급증했다. 이와 더불어 충치율도 다섯 배가량 증가했다. 19세기와 20세기에는 당분이 많은 식품과 정제 설탕을 쉽게 구할 수 있게 되면서 충치율이 더욱 치솟았다. 치태 세균은 당을 여느 탄수화물보다 훨씬 빨리 분해한다. 따라서 산도가 높아지고 충치가 더 빨리 생긴다. 물론 유전적 성향, 성장 결함, 병리적 타액 같은 그 밖의 요인도 고려해야 한다. 하지만 신석기 혁명과 산업 혁명으로 인한 식이 변화가 충치율 증가에서 핵심적인 역할을

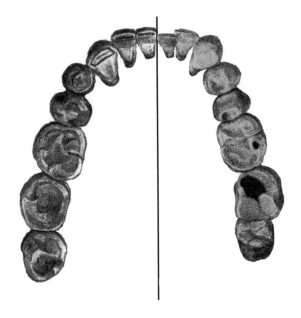

29. 전통적 수렵 · 채집인(왼쪽)과 산업 시대 사람(오른쪽)의 전형적 치아

한 것은 분명하다. 뉴욕에서 치과를 하는 내 친구 존 소렌티노에게 칫솔을 추천해달라고 했더니 그는 차라리 탄수화물 섭취를 더 조심하라고 말했다. 그렇긴 하지만 이는 닦아야 한다. 양치질이 무기질을 유실시키는 치태 세균을 없앨 뿐 아니라 불소는 (손상이 너무 심하지 않으면) 법랑질을 다시 무기질화하는 데 도움이 된다.

치주질환. 구강 세균은 치주질환을 일으키기도 한다. 대부분의 사람들이 만성 치은염을 앓는다. 이것은 감염으로 인해 잇몸이 손상되거나 상처가 나는 병이다. 오늘날 세상에서 가장 흔한 질병이기도 하다. 또한 절반 이상의 성인이 치주염을 앓는다. 이것은 이빨을 떠받치는 결합조직과 뼈가 손상되는 병이다. 치주질환은 자가면역질환이다. 치태를 만드는 세균이 독소를 분비하면 우리의 면역계는 이에 맞서 싸운다. 그러면 감염에 맞서는 분자인 시토카인(cytokine)이 생성된다. 치주질환에는 여러 위험 요인이 결부되어 있지만 과도한 시토카인은 염증과 조직 손상의 주된 인자다. 또한 면역 반응에서는 백혈구가 생성되는데, 여기서 분비되는 효소는 결합조직을 분해한다. 우리의 면역계가 잇몸, 치조골, 치주인대를 공격하는 것이다. 치주질환이 치아 상실의 주원인임은 놀랄 일이 아니다.

하지만 화석에서—심지어 최근 두개골에서도—치주질환을 식별하기란 쉬운 일이 아닌데, 비슷한 손상이 매장중 또는 매장 후에 생길 수 있기 때문이다. 또한 치주질환의 최초 단계는 심지어 턱뼈에 영향을 끼치지 않을 수도 있다. 그런데도 화석 사람족과 초기 현생 인류에게서는 턱뼈 손상과 치아 상실의 증거를 찾아볼 수 있다. 탄수화물이 풍부한 음식물을 먹는 현대의 일부 수렵·채집인도 치주염을 앓는다. 그렇다면 치주질환의 발병률도 음식과 관계가 있는 듯하다. 이를테면 신세계의 초기 농부들은 수렵·채집인 선조들보다 치주질환 발병률이 높았으며 오늘날 산업 사회 사람들은 그보다도 높다. 그럼에도 신석기 혁명과 산업 혁명이 치주질환에 끼친 영향은 충치에서만큼 뚜렷하지는 않으며 아직 원인과 결과에 대해 연구해야 할 것이 많다.

교정장애. 현대의 식단과 교정장애의 관계는 더 뚜렷하다. 덧니, 부정교합, 매복 치아는 오늘날 심각한 문제다. 심각한 심미적 영향을 끼칠 뿐 아니라 음식물 분해의 효율을 떨어뜨려 충치를 증가시키고 이빨의 턱 고정력을 약화하기 때문이다. 열 명 중 아홉 명에게 적어도 약한 부정교합이 있으며 절반가량은 교정 치료를 요한다. 충치나 (아마도) 치주질환과 마찬가지로 교정장애는 화석 사람족과 초기 인류에게 훨씬 드물었다. 변화는 한 세대 만에 일어날 수도 있다. 전통적 수렵·채집인의 자녀가 서구식 식단을 받아들이면 교정장애가 생긴다.

문제는 턱 길이와 이빨 크기의 부정합이다. 이 때문에 치열의 양쪽 끝에서 이빨이 심하게 밀집했다. 많은 사람들은 턱에 후치가 날 공간이 충분하지 않다. 현대 사회에서는 매복 사랑니가 전통적 수렵·채집 사회에 비해 열 배나 자주 생긴다. 우리의 아래쪽 전치는 부정교합과 밀집을 겪는 경향이 있으며 위쪽 전치는 앞으로 밀려난다. 화석 사람족, 초기 현생 인류, 최근 수렵·채집인은 윗니 끄트머리가 아랫니 앞쪽에 놓이기보다는—많은 의사들은 이것이 정상 교합이라고 생각한다—마주보는 앞니의 끝이 정확히 닿는 경우가 더 많았다.

턱과 이빨의 부정합은 왜 생길까? 1920년대에 치아교정의 퍼시 레이먼드 베그(Percy Raymond Begg)는 선사 시대 호주 원주민이 부정교합은 거의 없었지만 이빨이 심하게 마모되었음을 발견했다. 그는 치열의 인접 치아 간 접촉점에서 이빨이 서로 마찰되어 생기는 접촉마모(approximal wear)에 초점을 맞췄다. 베그는 이빨이 틈을 메우려고 턱 앞쪽으로 밀려오며 턱 길이가 마모된 이빨의 길이와 일치한다고 추측했다. 그렇다면 우리의 턱이 좁아진 것은 이빨이 충분히 닳지 않기 때문이다. 하지만 치과인류학자 로버트 코루치니(Robert Corruccini)는 이빨이 너무 큰 게 아니라 턱이 너무 작은 것일 수도 있다고 주장했다. 실제로 사람의 턱은 전기 구석기 시대 이후로 점차 짧아졌다. 우리의 턱이 덜 발달한 가장 그럴듯한 이유는 세게 씹을 필요가 없는 무른 가공식품을 먹느라 어릴 적 턱의 정상적 성장이 자극받지 못하기 때문이다. 댄 리버먼이 실험 동물의 턱 길이와 식이를 연구한 것 기억하는가? 여러분의 아이에게 낡은 신발 가죽을 씹으라고 권하진 않겠지만, 만일 그랬다면 치아 교정 비용을 얼마나 아낄 수 있었을지 상상하는 일은 즐겁지 않을까?

제 8 장

끝없는 형태

생명에 관한 이러한 견해에는 여러 가지 능력이 깃든 장엄함이 있다. 이러한 능력은 처음에는 불과 몇 가지 생물, 어쩌면 단 하나의 생물에게 생기를 불어넣었겠지만, 중력의 법칙에 따라 이 행성이 회전하는 동안에 너무나 단순했던 시작이 가장 아름답고 경이로운 무수히 많은 생물들로 과거에도 현재에도 꾸준히 진화하고 있는 것이다.

—찰스 다윈, 1859(『종의 기원』, 한길사, 2014, 504쪽)

이빨이 내게 중요한 이유는 진화를 입증하기 때문이다. '가장 아름답고 경이로운 무수히 많은 생물'을 생각해보라. 올바른 이빨 덕에 수많은 동물이 생존 투쟁에서 우위를 차지했다.

생존과 번식을 위한 에너지의 수요는 강력한 유인(誘因)이다. 피식자 동식물이 제 몸을 보호하려고 질기거나 딱딱한 조직을 발달시키면 포식자는 먹잇감의 방어에 맞서 이빨을 날카롭거나 튼튼하게 진화시켜야 한다. 또한 먹이 경쟁에서 이기지 못하면 진화 과정에서 도태된 수많은 생물의 전철을 밟을지도 모른다. 진화생물학자 리 밴 베일런(Lee Van Valen)은 이 과정을 공진화하는 종 사이의 군비 경쟁에 비유했다. 루이스 캐럴(Lewis Carroll)의 『거울 나라의 앨리스』에서 붉은 왕비가 말했듯 "계속 같은 곳에 있으려면 쉬지 않고 힘껏 달려"야 한다.

이와 동시에 운석이 떨어지고, 대륙이 이동하고, 화산이 분출하고, (지구의 자전축과 공전 궤도가 달라짐에 따라) 기후가 변동한다. 이 때문에 세상이 변하면 생물권 뷔페의 출발선에 선 굶주린 척추동물의 먹이가 달라진다. 탄수화물, 단백질, 지질이 모두 몸의 연료가 될 수 있기에 접시를 채울 새 음식물은 언제나 존재한다. 계속 진화하는 상대 생물과 계속 변하는 세상에 맞서 생존하려면 생물은 끊임없이 적응하고 변화해야 한다. 이빨도 이와 더불어 끊임없이 적응하고 변화해야 한다. 이것이야말로 오늘날 이빨의 기원, 진화, 다양성으로 이어진 최고의 동기다.

물론 동물이 먹이 획득과 처리의 문제를 해결하려고 의식

적으로 새 이빨을 진화시키는 것은 아니다. 조건이 변하고 경쟁이 벌어지기에 자연선택은 불가피하지만, 종이 반드시 특정한 진화적 경로를 밟아야 하는 것은 아니다. 오늘날의 시점에서 과거로 거슬러올라갈 때 이 사실을 잊기 쉽지만, 화석 기록은 우리에게 이 사실을 상기시킨다. 이빨 형태의 흥미로운 실험이 수없이 실시되었다. 시작된 것도 많고 중단된 것도 많았다. 고생대 갑주어 둔클레오스테우스의 면도날 같은 구판, 중생대 공룡 하드로사우루스의 정교한 이빨 한 벌, 신생대 거대 아르마딜로 글립토돈의 교묘하게 조각된 이빨을 떠올려보라. 이 사례들은 자연이 일하는 방법, 그 끝없는 가능성을 보여준다.

또한 새 이빨은 새로운 가능성을 낳는다. 최초의 포유류가 멀고 추운 지역으로 퍼질 수 있었던 것은 씹기 덕분에 몸속 난로를 땔 에너지를 짜낼 수 있었기 때문이다. 새 서식처에서는 새로운 자원이 발견되었으며 이는 더 새로운 이빨의 선택압이 되었다. 결정적 계기가 된 삼두대구치의 출현을 생각해보라. 자르기와 갈기를 결합하면서 초기 포유류는 선택지가 다양해졌으며 그 덕에 예측 불가능한 세상에서 식이의 융통성을 기할 수 있었다. 나무늘보와 돌고래의 단순한 말뚝 모양 어금니에서 코끼리와 하마의 장식적 큰어금니에 이르는 온갖 형태도 이 출발점에서 진화했다.

여기서 진화용이성(evolvability)이라는 주제가 제기된다. 이빨, 특히 포유류의 이빨은 놀랍도록 쉽게 변한다. 어떤 이빨 유형은 무관한 종들에게서 거듭거듭 나타나는 것으로 보건대 만들기가 무척 쉬운 것이 틀림없다. 코알라와 소의 초승달 모양 능선이 있는 큰어금니, 태즈메이니아주머니너구리와 사자의 날카로운 V꼴 어금니, 설치류와 비쿠냐의 계속 자라는 끌모양 앞니를 떠올려보라. 똑같은 형태가 몇 번이고 나타났다 사라진다. 저교두는 비행기가 히스로 공항을 들고 나듯 진화사를 들고 난다. 다른 유형은 드물지만, 그래도 이빨이 진화의 시간에서 얼마나 유연할 수 있는지 보여준다. 말 큰어금니의 정교하게 접힌 법랑질 띠, 게잡이물범의 괴상한 갈고리 모양 어금니, 날원숭이의 빗살 모양 전치, 대롱니쥐의 (독액을 주입하는 주사기 역할을 하는) 홈 파인 앞니를 생각해보라. 진화발달 생물학의 새로운 연구로부터 우리는 이런 것들이 어떻게 발달하는지 배우기 시작하고 있다. 신호단백질을 몇 방울 떨어뜨리기만 하면 배양 접시에서 자라는 이빨에 완전히 새로운 교두와 그 밖의 장식이 덧붙는다.

과거에서 앞으로

지금은 이빨 연구자들에게 흥미진진한 시대다. 대답해야 할 질문이 한두 가지가 아니다. 이빨은 어떻게 만들어질까? 왜 그렇게 만들어질까? 동물은 이빨을 어떻게 사용할까? 이빨과 그 진화에 대한 새로운 지식을 어떻게 활용할 수 있을까? 점점 많은 과학자들이 점점 많은 방향에서 이런 질문을 공략하면서 발견 속도가 점점 빨라진다.

이빨은 어떻게 만들어질까? 진화발달생물학은 이빨이 어떻게 만들어지는지, 구체적으로 말하자면 유전자가 어떻게 배아 세포에 신호를 보내어 배아 세포가 증식하고 이빨로 분화하도록 하는지를 이해하는 데 혁명을 가져오고 있다. 이빨 유형 중에는 다른 유형보다 만들기 쉬운 것이 있을까? 어떤 형태와 구조는 나타나고 또 나타나는 반면에 다른 형태와 구조는 그러지 않는 것은 이 때문일까? 이런 질문은 생물 종이 식이 수요에 왜 그렇게 대응하는지 이해하는 데 중요할 뿐 아니라 멸종한 종 사이의 연관성을 추측할 때 어떤 유사성이 다른 유사성보다 더 중요한지 판단하는 데도 중요하다. 연구자들은 이런 문제를 해결하려고 실험실에서 배양 접시를 치배(齒胚)로 채우며 연구에 열중한다.

이빨은 왜 그렇게 만들어질까? 신기술 덕에 연구자들은 이빨의 미세구조를 전례 없는 정확도로 들여다볼 수 있게 되었다. 이를테면 싱크로트론 입자 가속기는 아주 밝은 엑스선을 발생시켜 이빨 내부의 3D 모형을 1000분의 1밀리미터의 해상도로 만들 수 있다. 이 수준에서 조직 구조의 배치를 들여다보면 이빨이 씹기의 응력에 어떻게 저항하고 이를 소멸시키는지 알 수 있다. 여기에 이빨이 어떻게 음식을 분쇄하는가에 대한 이해를 접목하면 '이빨이 왜 이런 식으로 만들어질까?'라는 물음에 더 나은 답을 내놓을 수 있다.

더 큰 규모에서도 첨단 도구를 이용하여 이빨 구조를 볼 수 있다. 엑스선 마이크로단층촬영을 이용하면 치관의 법랑질 분포를 3D로 매핑할 수 있다. 법랑질이 교두 위쪽에서 유난히 두꺼운 것은 딱딱한 음식물을 분쇄할 수 있도록 이빨을 튼튼하게 하기 위해서일까? 법랑질이 얇은 것은 질긴 음식물을 자를 수 있도록 이빨을 상아질 돌기까지 재빨리 마모시켜 날카로운 모서리를 만들기 위해서일까? 우리는 자연이 어떻게 마모를 이용하여 교합면을 조각해 주어진 임무에 가장 알맞은 형태를 만들고 유지하는지 이제야 이해하기 시작했다.

동물은 이빨을 어떻게 사용할까? 파괴 성질이 저마다 다른 음식물을 연구하면 음식물 분쇄의 최적 도구에 대한 이상화된 모형을 만들 수 있다. 하지만 이 모형을 실제 이빨과 비교했을 때 이빨 형태는 주어진 식이에서 우리가 예상한 것과 늘 일치하지는 않으며 식이 또한 주어진 이빨 형태에서 우리가 예상한 것과 늘 일치하지는 않는다. 연구자들은 모형을 개선하여 이 불일치를 해명하기 위해 열심히 노력하고 있다. 이를테면 이빨 형태가 전혀 다른 나무늘보와 코알라, 또는 판다와

대나무여우원숭이(bamboo lemur)가 이토록 비슷한 먹이를 먹는다고는 믿기 힘들다.

모형에서 현실로 나아가면 자연이 주어진 재료를 가지고 무엇을 할 수 있는지 분명히 알 수 있다. 유연관계가 먼 종들이 서로 다른 형태적 출발점에서 동일한 식이로 수렴할 수 있다. 이러한 유산 때문에 이른바 **계통발생적 짐**(phylogenetic baggage)을 지게 되는데, 자신이 물려받은 이빨 형태라는 부담을 짊어진 채 시작한다는 뜻이다. 적응이라는 산악 지형이 있고 훌륭히 적응한 종이 더 높은 곳에 놓인다고 상상해보라. 계속 위로 올라가면 결국 꼭대기에 이르지만, 그곳은 산악 전체에서 가장 높은 곳이 아닐지도 모른다. 관건은 어디서 출발하느냐다. 옆 봉우리가 더 높다면, 그곳에 도달하기 위해서는 일단 골짜기를 따라 내려가야 한다. 하지만 자연은 대체로 밀어 올릴 뿐 끌어내리지는 않는다. 이를테면 나무늘보는 조상에게 물려받은 말뚝 모양 이빨에서 벗어나지 못하고 있다. 이것을 이해하지 못하면 이빨을 보고서 나무늘보가 나뭇잎을 먹으리라고는 결코 상상하지 못할 것이다. 이것은 기능 대 계통발생의 오래된 문제로, 고생물학자들이 밤잠을 설치는 이유다. 화석 이빨을 연구하는 사람들은 식이를 유전적 계승과 분리하는 방법을 개발해야 한다. 그러지 못하면 과거의 해독은 무망하다.

심지어 형태와 기능의 연관성이 뚜렷하더라도 선택압이 다르게 작용할 수 있다. 산고릴라(mountain gorilla)는 뾰족한 이빨, 억센 턱, 거대한 저작근육을 가졌다. 르완다 비룽가산맥 카리소케에 서식하는 고릴라는 질기고 섬유질이 많은 식물 부위를 주로 먹는다. 여기서는 해부학적 특징이 행동과 맞아떨어진다. 하지만 녀석은 선택의 여지가 별로 없다. 고지대에는 딴 먹이가 거의 없고 골짜기에는 사람이 정착했기 때문이다. 반면에 인근 브윈디 숲 저지대에 서식하는 고릴라는 무르고 당이 많은 과일을 즐겨 먹는다. 그럼에도 나뭇잎과 그 밖의 식물 부위를 먹을 수 있는 능력은 좋아하는 먹이를 구할 수 없을 때 이점으로 작용한다. 선택압과 이빨은 고지대 고릴라나 저지대 고릴라나 같지만 평상시 식이는 그렇지 않다. 이 경우에 선택은 생물권 뷔페에 무엇이 차려지는가에 전적으로 좌우된다. 야생 상태의 동물을 연구하면 자연선택이 어떻게 작용하는지 더 잘 이해할 수 있으며, 먹이 가득성(可得性)의 지리적·계절적·장기적 변동의 관점에서 섭식생태학과 먹이 찾기 전략을 계속 연구하면 틀림없이 새로운 통찰을 얻을 수 있을 것이다.

앞에서 보았듯 음식 발자국을 이용하여 화석 이빨에서 정보를 끄집어낼 수 있다. 안정동위원소 연구자들은 음식물의 화학적 특징이 그 음식물을 먹는 동물의 이빨에 어떻게 전달

되는지 밝혀내고 있다. 미세마모 연구자들은 다른 종류의 음식물로 인한 이빨 마모 패턴을 조사하고 있다. 이런 증거에 이빨 형태와 형태적 출발점을 접목하면 과거 동물의 식이를 재구성할 수 있다.

이 지식을 어떻게 활용할 수 있을까? 기초 연구는 인간 지식을 확장하고 호기심을 충족한다는 본연의 가치가 있다. 하지만 그와 더불어 현실 문제를 해결하는 응용 연구의 바탕이 되기도 한다. 이빨이 어떻게 발달하고 진화하는지 아는 것에는 실용적 가치도 있다. 공학자들은 자연이 5억 년 가까이 이빨의 구조와 형태를 다듬고 개량했음을 깨닫기 시작했다. 이빨을 더 잘 이해하면 생체모방 디자인을 통해 스스로 연마되는 연장을 만들고 강성과 내구성이 필요한 온갖 구조를 만들 수 있다.

또한 이빨의 발달과 진화에 대한 연구는 의학적으로도 중요한 의미가 있다. 우리는 이빨을 어떻게 만드는지에 대해 더 많은 것을 배워가고 있으며, 재생요법의 등장이 머지않았다고 생각하는 사람들도 있다. 크라운, 임플란트, 틀니 대신 새 이빨을 생체공학으로 제작하여 이빨의 손상, 충치, 유실을 해결할 수 있을까? 시간이 지나면 알게 되겠지만, 그전에도 진화적 관점을 의학 연구와 임상에 접목할 수 있을 것이다. 구강 위생, 불소화, 치아 관리가 개선되면 예방과 치료에 유익한 것은 분명하지만, 과거의 건강한 구강 환경에 이르려면 아직 멀었다. 턱과 이빨 크기가 맞지 않아 생기는 덧니가 좋은 예다. 과거 사람들을 연구하면 우리의 이빨이 턱에 비해 너무 큰 게 아니라 턱이 이빨에 비해 너무 작은 것임을 알 수 있다. 그렇다면 치아교정의는 발치와 재형성으로 이빨의 부피를 줄이기보다는 턱뼈를 늘이는 데 중점을 두는 게 타당하지 않을까?

그 밖에도 여러 응용 분야가 있다. 하나만 예를 들자면 화석 이빨은 기후 변화가 생물에 끼치는 장기적 영향을 이해하는 데 도움이 된다. 고기후학자와 고생물학자는 심층시간에 걸친 기온 및 강수량 변동을 화석에 기록된 멸종 및 진화적 사건과 짝짓는 연구를 공동으로 수행한다. 기후는 국지적 환경에 영향을 끼치고 국지적 환경은 먹이 가득성을 좌우하기에 이빨 형태의 변화를 통해 종이 과거의 기후 변화에 어떻게 대응했는지 이해할 수 있다. 미래에 어떻게 대응할 것인지 예측할 수도 있을 것이다. 연구자들은 화석 기록의 빈틈을 메워 진화를 더 분명히 파악하고 이를 환경의 역동적 변화와 짝짓기 위해 지층을 더 깊이 파들어간다.

이빨이 어떻게 진화하는지, 발달하는지, 조합되는지, 이용되는지에 대해 아직도 알아야 할 것이 많다. 진화적 접근법은 우리가 물려받은 유산을 이해하고 앞으로 나아가는 데 도움이 될 것이다.

참고문헌

이빨에 대한 학술 논문은 헤아릴 수 없으며 훌륭한 단행본도 많다.
그중에서 입문용으로 읽을 만한 몇 가지를 아래에 추렸다.

이빨 전반에 대해

P. S. Ungar, *Mammal Teeth: Origin, Evolution, and Diversity*
(Baltimore: Johns Hopkins University Press, 2010).

E. Thenius, *Zähne und Gebiß der Säugetiere* (Berlin: Walter de
Gruyter Press, 1989).

B. Peyer, *Comparative Odontology* (Chicago: University of Chicago
Press, 1968).

C. G. Giebel, *Odontographie: Vergleischende Darstellung des
Zahnsystemes der Lebenden und Fossilen Wirbelthiere* (Lepizig:
Verlag von Ambrosius Abel, 1855).

R. Owen, *Odontography* (London: Hippolyte Bailliere, 1840).

이빨의 발달과 미세구조

M. Bath-Balogh and M. J. Fehrenbach, *Illustrated Dental
Embryology, Histology, and Anatomy*, 3rd edition (St Louis: Saunders,
2010). 한국어판: 『구강조직발생학』(신제원 옮김, 대한나래출판사, 2013).

A. Nanci, *Ten Cate's Oral Histology: Development, Structure, and
Function*, 8th edition (St Louis: Elsevier Mosby, 2013).

M. F. Teaford, M. M. Smith, and M. W. J. Ferguson, *Development, Function, and Evolution of Teeth* (New York: Cambridge University Press, 2000).

이빨의 기능형태학과 생체공학

T. Koppe, G. Meyer, and K. W. Alt, *Comparative Dental Morphology* (Basel: Karger, 2009).

P. W. Lucas, *Dental Functional Morphology: How Teeth Work* (New York: Cambridge University Press, 2004).

P. Smith and E. Tchernov, *Structure, Function, and Evolution of Teeth* (London and Tel Aviv: Freund, 1992).

고생물학적 이빨 연구

N. Shubin, *Your Inner Fish: A Journey into the 3.5-Billion-Year History of the Human Body* (New York: Vintage Books, 2009). 한국어판: 『내 안의 물고기』(김명남 옮김, 김영사, 2009).

K. D. Rose, *The Beginning of the Age of Mammals* (Baltimore: Johns Hopkins University Press, 2006).

T. S. Kemp, *The Origin and Evolution of Mammals* (Oxford: Oxford University Press, 2005).

P. Janvier, *Early Vertebrates* (New York: Oxford University Press, 2003).

고인류학적 · 고고학적 이빨 연구

J. D. Irish and G. C. Nelson (editors), *Technique and Application in Dental Anthropology* (New York: Cambridge University Press, 2008).

S. E. Bailey and J.-J. Hublin (editors), *Dental Perspectives on Human Evolution: State of the Art Research in Dental Paleoanthropology* (Dordrecht: Springer, 2007).

P. S. Ungar (editor), *Evolution of the Human Diet: The Known, the Unknown, and the Unknowable* (New York: Oxford University Press, 2007).

S. Hillson, *Teeth*, 2nd edition (Cambridge: Cambridge University Press, 2005).

S. Hillson, *Dental Anthropology* (Cambridge: Cambridge University Press, 1996).

K. W. Alt, F. W. Rosing, and M. Teshler-Nicola (editors), *Dental Anthropology: Fundamentals, Limits, and Prospects* (Vienna: Springer, 1998).

진화치과학

R. S. Corruccini, *How Anthropology Informs the Orthodontic Diagnosis of Malocclusion's Causes* (Lewiston: Edwin Mellen Press, 1999).

역자 후기

교유서가에서 이 책의 번역을 의뢰받았을 때는 흔한 과학 입문서인 줄 알았다. 게다가 학문의 각 분야를 쉽게 여며준다는 〈첫단추〉 시리즈 아닌가. 그런데 막상 번역을 시작하려고 들여다보니 처음 보는 용어에다 멸종 동물의 학명이 난무하는 게 아닌가! 얼마 전 동료 번역가 김명남씨와 애기를 나누다 내가 이 책을 번역했다고 말하니 옥스퍼드 VSI 시리즈 중에서도 독특한 책이어서 번역될 줄 몰랐다며 캐스린 슐츠(Kathryn Schulz)의 〈뉴요커〉 기사를 알려주었다. 거기에 이런 구절이 있다.

이 책들〔옥스퍼드 VSI〕 중에는 현대 인도나 셰익스피어 비극처럼 나중에 자세히 탐구할 수 있도록 해당 주제를 간략하게 소개하는 것이 있는가 하면 『이빨』처럼 평균적 일반인이 알고 싶어하는, 또는 알아야 하는 모든 것을 담은 것도 있다. (https://www.newyorker.com/magazine/2017/10/16/how-to-be-a-know-it-all/amp)

한마디로 『이빨』은 일반 독자에게는 이빨에 관한 첫 단추이자 끝 단추라고 할 만하다. 특히 이빨의 진화사는 수의사와 치과의사에게도 생소한 분야일 것이다. 독자층이 좁기로 따지면 내가 번역한 존 롱, 『다윈의 물고기』(플루토, 2017)와 마크 챈기지, 『자연모방』(에이도스, 2013)에 비길 만하다. 하지만 200쪽 남짓의 이 책 한 권만 읽으면 이빨에 대하여 여러분이 "알고 싶어하는, 또는 알아야 하는 모든 것"을 알 수 있다. 이빨의 해부학적 구조, 기능, 포유류 이외의 동물과 화석 동물의 이빨, 이빨의 진화, 포유류의 이빨, 인간의 이빨에 이르기까지 이빨의 모든 것이 망라되어 있다.

우리도 상어처럼 평생에 걸쳐 이빨이 나면 충치가 나도 걱정 없을 텐데, 왜 이갈이를 한 번만 하게 되었을까? 궁금하다면 117쪽을 펼쳐보시길. 인간은 침팬지와 달리 남녀의 이빨 차이가 적으며 송곳니가 날이 서 있지 않고 짧다. 그 이유는 이 책 170쪽에 나와 있다.

이 책을 번역하면서 낯선 용어들의 번역어를 찾기 위해 의

학사전, 치의학사전은 물론이고 논문까지 참고해야 했다. 경우에 따라서는 신조어를 만들기도 했다. 치과학 분야가 원래 그렇다. "이빨 연구의 대가 퍼시 버틀러(Percy Butler)는 이렇게 개탄했다. '비교치형태학(comparative tooth morphology)을 공부하려면 우선 복잡한 명칭의 난관을 이겨내야 한다. 이 때문에 이 학문이 실제보다 훨씬 난해하다는 인상을 받는다.' 하지만 용어에 담긴 논리를 이해하면 생각만큼 어렵지는 않다."(24쪽) 번역자로서 독자들에게 당부하고 싶은 말도 이와 같다. 생소한 한자어들에 지레 겁먹지 말고 찬찬히 들여다보면 자신의 이빨이 훨씬 친근하게 다가올 것이다.

마틴 브레이저, 『다윈의 잃어버린 세계』(반니, 2014)에서는 진화론의 수수께끼이자 생물군이 극적으로 증가한 현상을 일컫는 캄브리아기 대폭발을 이빨의 출현과 연관 짓는데 이 책의 생태적 관점과 관련하여 시사하는 바가 크다. 이빨이 진화하지 않았다면 포유류는 존재할 수 없었다. 리처드 랭엄, 『요리 본능』(사이언스북스, 2011)도 참고할 만하다. 『이빨』 7장에서는 인간의 이빨이 온갖 질환에 시달리는 이유를 설명하는데, 요리가 인류 진화의 결정적 계기였다는 랭엄의 주장이 옳다면 요리는 인류에게는 축복이었지만 인류의 이빨에는 저주였다.

이 책을 읽고 나면 여러분은 이빨만 보고도 상대방이 무엇을 먹고 살았는지 알아낼 수 있을 것이다. 물론 '미세마모'와 동위원소 비율을 관찰하고 측정할 수만 있다면. 적어도 충치나 부정교합으로 고생하는 친구에게 그건 네 탓이 아니라고, 인류 진화의 불가피한 부산물이라고 위로해줄 수는 있을 것이다. 방금 역자 교정을 하면서 '이빨 여행'이라는 오타를 '이빨 유형'으로 고쳤는데, 여러분은 이 책과 함께 신나는 이빨 여행을 떠나시길!

도판 목록

이빨

TEETH

초판 1쇄 인쇄 2018년 9월 17일
초판 1쇄 발행 2018년 9월 27일

지은이 피터 S. 엉거
옮긴이 노승영
펴낸이 염현숙
편집인 신정민

편집 최연희
디자인 강혜림
저작권 한문숙 김지영
마케팅 정민호 한민아 최원석 안민주
홍보 김희숙 김상만 이천희
제작 강신은 김동욱 임현식

제작처 한영문화사(인쇄) 한영제책사(제본)
펴낸곳 (주)문학동네
출판등록 1993년 10월 22일
　　　　　제406-2003-000045호
임프린트 교유서가
주소 10881 경기도 파주시 회동길 210
문의전화 031) 955-8886(마케팅)
　　　　　031) 955-2692(편집)
팩스 031) 955-8855
전자우편 gyoyuseoga@naver.com
ISBN 978-89-546-5301-5 03470

www.munhak.com